Oldenbourg

Roulette

Computersimulation & Wahrscheinlichkeitsanalyse von Spiel und Strategien

von
Claus Koken

5., überarbeitete Auflage

Oldenbourg Verlag München Wien

Die Deutsche Bibliothek - CIP-Einheitsaufnahme

Koken, Claus:
Roulette : Computersimulation & Wahrscheinlichkeitsanalyse von Spiel
und Strategien / von C. Koken. – 5., überarb. Aufl.. – München ; Wien
: Oldenbourg, 2000
  ISBN 3-486-25442-1

© 2000 Oldenbourg Wissenschaftsverlag GmbH
Rosenheimer Straße 145, D-81671 München
Telefon: (089) 45051-0
www.oldenbourg-verlag.de

Lektorat: Martin Reck
Herstellung: Rainer Hartl
Umschlagkonzeption: Kraxenberger Kommunikationshaus, München
Gedruckt auf säure- und chlorfreiem Papier
Gesamtherstellung: MB Verlagsdruck, Schrobenhausen

Inhalt

Vorwort

Annähernd 80 Prozent aller erwachsenen Bürger der Bundesrepublik Deutschland nehmen an staatlich beaufsichtigten Glücksspielen teil. Obgleich unter diesen vielen Millionen Glücksspielern die Anhänger des Roulettes nur eine vergleichsweise kleine Minderheit darstellen, sind die jährlichen Spieltisch-Gesamtauflagen in den deutschen Spielbanken erheblich größer als der jährliche Bruttospieleinsatz für alle anderen Glücksspiele zusammengenommen. Auch die mittlere Gewinnauszahlungsquote bei Roulette liegt an der Spitze aller Glücksspielarten. Viele Roulettespieler glauben deshalb, es müsse eine Strategie geben, die zu einer Überlegenheit gegenüber der Spielbank führt.

Welche Gewinnchancen hat der Roulettespieler aber wirklich? Thema dieses Buches ist die Überprüfung der Frage, ob die optimistische Erwartungshaltung des Spielers durch entsprechende objektive mathematische Erwartungswerte im Sinne der Wahrscheinlichkeitsrechnung gestützt werden kann.

Die Analyse der verschiedenen Spielmethoden erfolgt in mathematisch-geschlossener Form oder durch Spielsimulation mit Computer und statistische Auswertung. Die Ergebnisse sollen zeigen, welcher „Gebrauchswert" den verschiedenen Strategien beizumessen ist und welche Gewinnaussichten der Roulettespieler tatsächlich hat.

Der Verfasser

Roulettespezifische Begriffe

d'Alembert-Progression:	Verlustprogression mit Satzerhöhung nach jedem Verlustcoup und Satzverringerung nach jedem Treffer
Amerikanische Abstreichprogression:	Progression nach dem Prinzip der Stellentilgung
Angriffssignal:	angebliche Indikation für das vorteilhafte Bespielen eines bestimmten Chancenteils aufgrund vorangegangner Coupergebnisse
Chancen:	die prinzipiellen Setzmöglichkeiten auf dem Tableau, nämlich Plein, Cheval, Transversale Pleine, Carré und 0-1-2-3, Transversale Simple, Dutzende und Kolonnen, Einfache Chancen, nämlich Rot/Schwarz, Pair/Impair und Manque/Passe
Chancenteile:	die einzelnen einer Chance zugeordneten Setzmöglichkeiten auf dem Tableau; der Plein-Chance sind beispielsweise 37 Chancenteile zugeordnet, nämlich alle Plein-Zahlen von 0 bis 36; eine Einfache Chance, beispielsweise die Farbchance, besteht aus 2 Chancenteilen
Coup, Wurf:	Auslosung einer Gewinnzahl mit dem Rouletteapparat nach Hereinwerfen der Kugel
Degression:	Satzerniedrigung, Verringerung der Satzhöhe
Differenzspiel:	gleichzeitiges Progressionsspiel auf mehreren Teilen einer Chance, bei welchem jeweils nur die Satzdifferenzen plaziert werden
Ecart, absoluter:	Differenz der absoluten Häufigkeit zweier gleichwahrscheinlicher Chancenteile, d.h., Teile der gleichen Chance, in einer Permanenz
Ecart, statistischer:	der auf seine Standardabweichung bezogene absolute Ecart
Equilibre, Gleichgewicht:	gleiche Häufigkeit (Parität) zweier Teile einer Chance (Ecart = 0)
Gewinnprogression:	Progression im Gewinnfall, d.h. nach Treffern
Guetting-Progression:	Gewinnprogressionsart
Holländische Progression:	Verlustprogressionsart nach dem Prinzip der Stellentilgung
Intermittenz:	regelmäßiges Wechseln (Pendeln) von Teilen einer Chance in einer Permanenz
Jetons, Chips:	die beim Roulette verwendeten Spielmarken

Kessel, Diskus:	die kesselartige Vertiefung des Rouletteapparates mit rotierendem Drehkreuz und Diskus, an dem die Nummernfächer angebracht sind
Marsch:	Methode, welche vorschreibt, auf welchen Chancenteil der nächste Einsatz zu plazieren ist
Martingale:	Verlustprogressionsart für Einfache Chancen, bei welcher die Satzhöhe so häufig verdoppelt wird, bis ein Treffer erfolgt
Masse égale-Spiel:	Spiel mit gleichbleibender Satzhöhe
mehrfache Chancen:	alle Chancen mit Ausnahme der Einfachen Chancen; die Bezeichnung „mehrfache Chance" beruht darauf, daß die Auszahlungsquote für eine mehrfache Chance im Gewinnfall ein Mehrfaches des getätigten Einsatzes ist; im Gegensatz hierzu wird für eine Einfache Chance ein Nettogewinn in der Höhe des einfachen Einsatzes ausgezahlt
Minusecart:	negativer Ecart
Parolispiel:	Gewinnprogressionsart, bei welcher nach einem Treffer Ersteinsatz und Gewinn auf einem Chancenteil plaziert werden
Permanenz:	Folge der geworfenen Gewinnzahlen
Platzer:	für das Spielresultat einer Partie entscheidender Satzverlust, der beispielsweise ein vorgegebenes Spielkapital aufzehrt
Pluscoupsteigerung:	Gewinnprogressionsart
Plusecart:	positiver Ecart
Prison:	Sperrung der Einsätze auf den Einfachen Chancen nach Erscheinen von Zero
Progression:	Satzsteigerung, Vergrößerung der Satzhöhe
Progressionsspiel:	systematische Spielmethode, bei welcher in Abhängigkeit vom vorangegangenen Spielverlauf die Satzhöhe beibehalten, erhöht oder erniedrigt wird
Progression Deance:	Verlustprogressionsart nach dem Prinzip der Stellentilgung
Satz, Einsatz:	die für einen Chancenteil auf dem Tableau plazierten Jetons
Satzhäufigkeit:	Anzahl der mit einer bestimmten Satzhöhe getätigten Einsätze
Satzhöhe:	der Geldwert eines Einsatzes
Satzstufe:	laufende Nummer, die den einzelnen Satzhöhen in einem Progressionsschema zugeordnet ist

Satztechnik:	Methode der Satzhöheveränderung in Abhängigkeit vom vorangegangenen Spielverlauf
Serie:	gleichmäßige Folge (Sequenz) von Teilen einer Chance
Serie, solitäre:	Serie mit abweichenden Chancenteilen vor und nach der Serie
Serie, soziable:	Serie vorgegebener Länge und Chancenteile, für welche keine Voraussetzung hinsichtlich der vorher und nachher geworfenen Chancenteile gemacht wird
Serienlänge:	Anzahl der sich wiederholenden Chancenteile in einer Serie
Spannung:	angebliche Ausgleichstendenz nach entstandenen Ecarts
Spieltischauflage:	Summe aller auf dem Tableau befindlichen Einsätze
Spieltischmaximum:	größtmögliche Satzhöhe für einen Chancenteil
Spieltischminimum:	geringstmögliche Satzhöhe für einen Chancenteil
Stellentilgung:	Progressionsspielart, bei welcher ein Treffer auf erhöhtem Satzniveau einem oder mehreren Verlustcoups auf geringerem Satzniveau gegengerechnet wird; eine Partie ist abgeschlossen, wenn auf diese Weise alle Verlustcoups gestrichen sind
Systemspiel:	systematisches Spiel mit vorgegebener Marsch- oder Satztechnik
Tableau:	die auf dem Spieltischtuch aufgezeichneten Setzfelder
Treffer, Treffercoup:	Erscheinen des bespielten Chancenteils und die resultierende Gewinnauszahlung
Trefferüberschuß:	Differenz der Anzahl von Treffercoups und Verlustcoups für eine vorgegebene Satzstufe
Tronc:	Behälter (Beutel) am Spieltisch für Trinkgelder an die Kasino-Angestellten
Überlagerung:	Kombination von Progressionsarten und/oder Märschen
Überschuß:	Saldogewinn am Ende einer Partie
Verlustcoup:	Verlust des Einsatzes nach Nichterscheinen des bespielten Chancenteils
Verlustprogression:	Progression im Verlustfall, d.h. nach Verlustcoups
Wells-Progression:	entspricht der d'Alembert mit vergrößerter Anfangssatzhöhe
Whittacker-Progression:	Verlustprogressionsart
Zero:	Pleinzahl 0
Zerosteuer:	mathematischer Erwartungswert des Verlustes pro Einsatz (1,35% der Satzhöhe für Einfache Chancen, 2,7% für mehrfache Chancen)

*Spielen ist das Experimentieren
mit dem Zufall*
NOVALIS

Vorbemerkungen
zum Thema

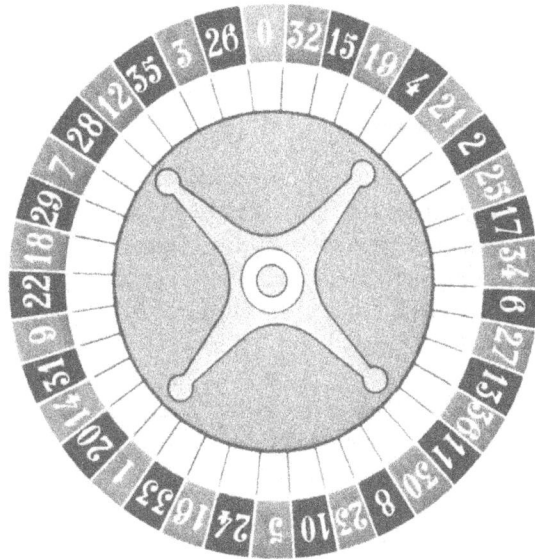

Als eines der bemerkenswerten sozialen Phä-
nomene der Gegenwart kann die große Be-
liebtheit der sogenannten Gewinnspiele, d.h.
der um Geldgewinn betriebenen Glücksspiele
bezeichnet werden. In [1] (→ 115) wurde ver-
mutet, daß bereits 78 Prozent aller Erwachsenen für fast 30 Milliarden Mark „würfeln, tip-
pen oder zocken". Diese Vermutung bezog
sich auf die Deutschen der Bundesrepublik
des Jahres 1983, wobei – auch in Anbetracht
der inzwischen hinzugekommenen Gewinn-
spielvarianten – wohl davon auszugehen ist,
daß der genannte Prozentsatz eher weiter an-
gewachsen als zurückgegangen ist. Hinsichtlich des Bruttospieleinsatzes, d.h. der Summe
aller Geldeinsätze für staatlich beaufsichtigte
Gewinnspiele der damaligen Bundesrepublik
ergab sich folgende Situation:

Nach Feststellungen der „Archiv- und In-
formationstelle der deutschen Lotto- und Toto-Unternehmen" wurden im Jahre 1982 für
den Deutschen Lotto- und Toto-Block (Lotto, Toto, Rennquintett, Spiel 77 u.a.), die
Klassenlotterien, Fernsehlotterien, Sparkas-
sen und Genossenschaftsbanken (PS-Sparen,
Gewinnsparen), Pferdewetten, Geldspielau-
tomaten und Soziallotterien Einsätze in einer

Gesamthöhe von 9,3 Milliarden Mark getätigt.
Die mutmaßliche Summe aller Spieltischauflagen für Roulette betrug im gleichen Jahr
etwa 19 Milliarden Mark[1] (→ 63). Insgesamt
wurden also für die genannten Gewinnspiel-
arten, in denen Black Jack, Baccara sowie das
Kleine Spiel der staatlich konzessionierten
oder – hinsichtlich der Spielbanken des Frei-
staates Bayern mit Ausnahme von Lindau –
unter staatlicher Regie betriebenen Spielbanken nicht enthalten sind, ungefähr 28 Milliarden Mark umgesetzt.

Interessanterweise ist selbst in Perioden ge-
samtwirtschaftlicher Stagnation oder sogar
Rezession eine zunehmende Tendenz der allgemeinen Glücksspielaktivität festzustellen.
So betrug beispielsweise während der damaligen Wirtschaftsrezession die Zuwachsrate des
Glücksspielumsatzes im Jahre 1982 gegenüber dem Vorjahr ungefähr sieben Prozent.
Manchem Zeitgenossen mag wohl die Vor-

---

[1] 35 Milliarden Mark im Jahr 1998 (→ 63)

stellung vom leicht erworbenen „schnellen Geld" als besonders verlockend erscheinen, wenn die persönliche wirtschaftlich-finanzielle Lage gefährdet oder beeinträchtigt ist.

Wie die angegebenen Zahlen ausweisen, nimmt unter den Gewinnspielen Roulette insofern eine besondere Stellung ein, als bei diesem der weitaus größte Umsatz getätigt wird, wenn man hierunter die Summe aller Einsätze versteht. Obgleich in [2] hinsichtlich Roulette vermerkt wird, daß „sich der einst exklusive Zeit- und Geldvertrieb der Gentlemen und Ganoven zu einem Breitensport gewandelt" habe, stellt jedoch die Anhängerschaft des Roulettes unter den vielen Millionen Glücksspielern nur eine relativ kleine Minderheit dar. Folgt man dem in [3] dargelegten Ergebnis einer Umfrage, nach welchem 4,7% der Befragten angaben, Roulette zu spielen, und projiziert dieses Ergebnis als noch repräsentativ auf die gesamte Bundesrepublik, so ergibt sich eine Schätzung von ungefähr 2,8 Millionen Roulettespielern einschließlich seltener Spielbankbesucher. In Anbetracht der Möglichkeit, daß nicht jeder Roulettespieler unter den Befragten seine Roulettespielaktivitäten konzedierte – gelten doch solche Aktivitäten auch heutzutage noch in weiten Bevölkerungskreisen gewissermaßen als anrüchig –, mag eine vage Schätzung von annähernd 4 Millionen Roulettespielern aller Intensitätsgrade erlaubt sein. Von diesen 4 Millionen wird nur ein geringer Teil den passionierten Spielern – Stammgästen der Spielbanken – zuzurechnen sein. Der in [3] angegebene Prozentsatz von 0,3 aller Befragten ist wegen der geringen Stichprobe von 1057 Befragten allerdings zu ungenau, um hieraus einigermaßen gesicherte quantitative Schlußfolgerungen zu ziehen. Immerhin bleibt jedoch festzustellen, daß Roulettespieler in der großen Heerschar aller Glücksspielakteure nur einen Minderheitenstatus einnehmen, eine Feststellung, die

dem angegebenen enormen Bruttospieleinsatz für Roulette nicht widerspricht, denn der passionierte Roulettespieler tätigt im Verlauf einer Partie eine große Anzahl von Einsätzen stattlicher Höhe, die im Verlauf vieler jährlicher Spielbankbesuche zu erheblichen Geldwertbeträgen kumulieren. Daß er aufgrund dieser Besonderheit des Roulettespiels nicht notwendigerweise in sehr kurzer Zeit finanziellen Schiffbruch erleidet, liegt an einer weiteren Besonderheit des Roulettes:

Während beispielsweise beim Lotto nur 50% aller Einsätze als Gewinn ausgeschüttet werden, ist die mittlere Auszahlungsquote beim Roulette 98,65% für Einfache Chancen und 97,3% für die höheren Chancen. Dieser Umstand macht einen Teil der Attraktivität des Roulettes aus. Mit einer solchen Auszahlungsquote stellt Roulette ein beinahe faires Glücksspiel dar, denn ein Glücksspiel wird als gerecht oder fair bezeichnet, wenn die mathematische Erwartung des Nettogewinnes null ist, also die Summe der investierten Einsätze gerade durch die zu erwartenden Gewinnauszahlungen ausgeglichen wird. Die Annahme, daß Roulette aufgrund solch günstiger Konditionen ein harmloser und gegenüber anderen Glücksspielarten weniger riskanter Zeitvertreib sei, wäre allerdings eine völlige Verkennung der Tatsachen. Gerade der Umstand einer relativ hohen Auszahlungsquote führt nämlich zu nicht ungefährlichen Konsequenzen:

- Der Roulettespieler tätigt die erwähnten hohen Gesamteinsätze. Der an und für sich geringe Spielbankvorteil von 1,35% bzw. 2,7% bezieht sich also als zu erwartender Verlust auf diese großen Einsatzsummen.
- Das geringe Handicap gegenüber der Spielbank erscheint manchem Spieler als leicht überwindbar. Durch eine trickreiche und zu einer Überlegenheit gegenüber der

Spielbank führende Strategie hofft er, das vom Ergebnis ausgeloster Zufallszahlen abhängige Glücksspiel Roulette in eine für ihn ergiebige Geldquelle umfunktionieren zu können. Diese faszinierende Vorstellung verleitet ihn zu einem hohen Maß an Engagement und Risikobereitschaft.

Die grundsätzliche Frage, ob es eine derartige überlegene Strategie beim Roulette tatsächlich gibt, ist letztlich Thema des vorliegenden Buches. Auf einige Grundaspekte dieses Themas wird im Verlauf dieser Einführung noch eingegangen werden.

Neben der Attraktion einer vergleichsweise sehr hohen Auszahlungsquote weist Roulette weitere Merkmale auf, die Ursache für seine wachsende Anhängerschaft sind. Zu diesen Merkmalen gehören:

- die unmittelbare Beobachtungsmöglichkeit und Überschaubarkeit des Auslosungsvorganges der Gewinnzahlen mit dem Rouletteapparat,
- die sofortige Gewinnauszahlung nach einem Treffer,
- die rasche Folge der Auslosungsvorgänge mit der entsprechend häufig wiederkehrenden Möglichkeit der Verlusttilgung oder der Gewinnsteigerung,
- die Fülle unterschiedlicher Gewinnchancen und Setzmöglichkeiten,
- die zwischen Minimum und Maximum freie Wahl der Satzhöhe,
- das exklusiv und mondän wirkende Ambiente des Kasinos.

Dem Image des Exklusiven und Mondänen, das sich allerdings in manchen neugegründeten Spielbanken vergleichsweise weniger als in den klassizistischen Prunkbauten früherer Gründungen ausdrückt, liegt sicherlich die Absicht zugrunde, Roulette so weit wie möglich vom Makel des Anrüchigen und moralisch Bedenklichen zu entledigen, das je-

dem Glücksspiel anhaftet. Dieses Bestreben liegt insbesondere auch im Interesse des Staates, der seit eh und je eine kontrollierende und kassierende Funktion in dieser Glücksspielbranche ausübt. Liegt es doch auf der Hand, daß der Staat – bedacht auf seine Reputation – nicht an einem ominösen Geschäft partizipieren kann. Zumindest muß er bemüht sein, mit dem Mantel des Seriösen die Schattenseiten dieses Geschäftes zu verdecken, die in einer Debatte des Bundestages von 1952 als „Eiterbeulen der Gesellschaft" und „Höllen von sittlichem Verderb" apostrophiert wurden. Diese Bundestagsdebatte, in der es um einen Gesetzentwurf zum Verbot öffentlicher Spielbanken ging, zeigt jedoch immerhin, daß selbst Repräsentanten des Staates, der finanzieller Hauptnutznießer dieser Glücksspielinstitution ist, durchaus gegensätzliche Auffassungen über Roulette vertreten. Diese Tatsache spiegelt sich auch in der Geschichte des Roulettes wider, die durch Phasen des Verbots oder der Restriktion gekennzeichnet ist:

Erstmalig wurde Roulette um 1700 unter König Ludwig XIV offiziell zugelassen und in Paris in den Sälen des Salons Frascati und des Palais Royale betrieben. Der zügellose Spielbetrieb, wie ihn etwa Balzac in „Das Chagrinleder" (1831) oder anderen Romanen seiner „Comedie humaine" beschrieb, führte 1838 unter dem Bürgerkönig Louis Philippe zu einer Schließung der Kasinos. In Deutschland etablierten sich Spielbanken, deren Blütezeit der Anfang des 19. Jahrhunderts war, in den Kurorten, die im Sommer von wohlhabenden Bürgern und Adeligen besucht wurden. Die hohen Gewinne ermöglichten den Kasinos eine üppige Prachtentfaltung. In manchen Kurorten, die mittel- oder unmittelbar von diesen Gewinnen profitierten, erlangten die Kasinos eine wirtschaftlich größere Bedeutung als die Kureinrichtungen. Im Jahre 1848 kam es jedoch infolge eines Beschlusses der Frankfurter Nationalversammlung zum Spielverbot. Nur in einigen Kasinos, beispielsweise Homburg und Wiesbaden, wurde der Spielbetrieb aufrechterhalten.

In diese Zeit, nämlich 1866-67, fallen auch Niederschrift und Veröffentlichung des klassischen Romans über Roulettespielsucht „Der Spieler" von Dostojewskij, der im Jahre 1865 auf der Flucht vor seinen Gläubigern eine Auslandsreise angetreten hatte und das gesamte Honorar von 3000 Rubel, das ihm sein Verleger für die vollständige Ausgabe seiner Werke bezahlt hatte, am Roulettespieltisch in Wiesbaden verlor.

Nach einem Verbot der öffentlichen Spielbanken durch den preußischen Landtag im Jahre 1868 wurden alle Spielbanken geschlossen. Nach der roulettelosen Zeit des Kaiserreiches konnte während der Weimarer Republik lediglich die Spielbank Zoppot dank des Freistaat-Status Danzigs im Jahre 1919 ihre Pforten öffnen.

Erst im „Dritten Reich" wurden öffentliche Spielbanken wieder legalisiert. Die Zulassung wurde allerdings auf Kur- und Badeorte mit einem hohen Besucheraufkommen, insbesondere einem hohen Ausländeranteil beschränkt. Dies betraf vor allem Kurorte in Grenzlage und in der Nähe ausländischer Spielbanken. Die zugrundeliegende Absicht – auch heutzutage noch verfolgt – war, ausländische Besucher zur Kasse zu bitten, um auf diese Weise Devisen zu schöpfen.

Seit Bestehen der Bundesrepublik Deutschland und einer zunehmenden Liberalisierung der Bestimmungen und Richtlinien der Bundesländer zur Errichtung öffentlicher Spielbanken sind solche Spielbanken gewissermaßen wie Pilze aus dem Boden geschossen. Inzwischen gibt es in Deutschland insgesamt 38 Spielbanken für das Große Spiel[2]. Ungefähr 80% der Bruttospielerlöse dieser Spielbanken

aus Roulette, Black Jack, Baccara und in zunehmendem Maße den Geldgewinnautomaten, nämlich insgesamt etwa 1,2 Milliarden Mark fließt unter dem Titel „Spielbankabgaben" in die Kassen der Länder und Kommunen. Den erwähnten Einwänden einiger Parlamentarier konnte eine dem Bundestag vorliegende Expertise entgegengehalten werden, in der es hieß:

„... daß ordentliche Menschen in geordneten Verhältnissen aus heiterem Himmel niemals durch das Spielen in Spielbanken zerrüttet wurden".

Nun, das Ergebnis dieser Analyse darf wohl bezweifelt werden, wenn man Berichten wie [2] oder [4] folgt. In [2] beispielsweise wird über die „Laufbahn eines Spielers" berichtet, der, aus geordneten gutbürgerlichen Verhältnissen stammend, nach einem erfolgreichen beruflichen Werdegang unvermittelt und in exzessiver Weise der „Roulettespielsucht" verfällt. Die als Startkapital für ein eigenes Unternehmen vorgesehenen Ersparnisse und eine Entschädigungssumme aus der Kündigung seines beruflichen Arbeitsvertrages zerfließen innerhalb eines Jahres in nichts. Am Ende dieser Spielerkarriere, die als Prototyp für viele andere stehen mag, steht der finanzielle Ruin. Dieses Opfer der Roulettespielsucht schätzt den Anteil der aus heiterem Himmel in ernste Not geratenen Suchtspieler auf knapp ein Drittel aller Kasinobesucher. Obgleich über diesen Problembereich des Roulettespiels keine statistischen Erhebungen vorliegen, mag diese Schätzung durchaus nicht aus der Luft gegriffen sein. Offenkundig ist jedoch, daß viele Roulettespieler ihre Aktivität mit großer Intensität ausüben und diese Aktivität nicht so sehr als Zeitvertreib und Amüsement, sondern als Möglichkeit eines Gelderwerbs oder – was naheliegender ist –

---

[2] Stand 1998

einer Tilgung bereits erlittener Spielverluste betrachten. Der sarkastische Spielerspruch, daß nur derjenige gewinnt, der nicht spielt, wird von diesen Spielern ignoriert. Hierbei geht der einzelne wohl von der Annahme aus, daß seine persönliche Strategie zum Erfolg führen müsse und insofern solche Erfahrungssätze nicht auf ihn anwendbar seien.

Diese gefährliche Grundeinstellung ist letztlich wohl auch die ursächliche Droge einer Roulettespielsucht, die sich über eine Phase der manischen Konzentration auf Roulette als zentrales Lebensproblem bis zum Stadium der Selbstaufgabe erstrecken kann. Die wesentliche Motivation bezieht der typische Roulettespieler also vermutlich aus der Erwartungshaltung, daß eine – wie auch immer geartete – Strategie existieren müsse, die zu einer Überlegenheit gegenüber der Spielbank führt. Diese Erwartungshaltung, wird aus mehreren Quellen gespeist und angeregt. Eine dieser Quellen ist die in vielfältiger Form für Roulette erfolgende Werbung. Zu dieser Werbung gehören:

- Presseveröffentlichungen über sensationelle Ausnahmegewinne einzelner Glückspilze,
- Annoncierung und Vertrieb angeblich gewinnsicherer Systemspielkonzepte und Spielmethoden – beruhend auf mathematisch unhaltbaren Thesen und Spekulationen – durch unseriöse Geschäftemacher und Pseudo-Experten, die sich gern als „Rouletteforscher", „Roulettewissenschaftler" oder dergleichen ausgeben

Aber auch die Werbeaktivitäten der Spielbanken selbst mit Slogans wie „Glück ist machbar", Einladungen zum „Tag der offenen Tür", Einführungsabenden mit kostenlosem Probespiel, Gratisbusfahrten zum Kasino oder Wettbewerben zur Ermittlung des „Roulettekönigs" wirken sicherlich durchaus

stimulierend auf die optimistische Einstellung des Spielers.

Ein mit dieser Erwartungshaltung zusammenhängendes und außerordentlich erstaunliches Phänomen ist das folgende:

Kaum einer dieser Roulettespieler fühlt sich bemüßigt, die Berechtigung seines Optimismus mit Hilfe mathematischer Methoden zu überprüfen. Offensichtlich könnte ihm nur eine mathematische Analyse einen objektiven Aufschluß über die Perspektiven seiner persönlichen Spielweise verschaffen. Würden ihm gegebenenfalls als Ergebnis einer solchen Analyse die großen Risiken und ungünstigen Erwartungswerte seiner Spielweise bewußt werden, so könnte er hieraus ja die erforderlichen Konsequenzen ziehen und als potentiell Roulettespielsüchtiger dem Fiasko einer ruinösen Spielerkarriere von vornherein aus dem Wege gehen.

Es bietet sich allerdings folgende Erklärung dieses Phänomens an:

Infolge einer weitverbreiteten Unkenntnis über das verfügbare mathematische Instrumentarium sind Roulettespieler – abgesehen von einer spärlichen Minderheit – wohl der Auffassung, daß Mathematik über das Zufallsgeschehen beim Roulette keinerlei Aussagen zu machen gestattet. Diese Annahme trifft jedoch in Wirklichkeit nur insoweit zu, als die Bestimmung eines kommenden Ereignisses in einer Folge einzelner Zufallsereignisse – einem sogenannten Zufallsprozeß – durch mathematische Berechnung naturgemäß nicht möglich ist: Eine Vorhersage, ob mit dem nächsten Coup beispielsweise eine gerade oder ungerade Gewinnzahl ausgelost wird, ist also selbstverständlich unmöglich. Diese Feststellung verdeutlicht jedoch nur die Unbestimmtheit des einzelnen zukünftigen Zufallsereignisses. Im Gegensatz hierzu ermöglicht Mathematik aber durchaus Prognosen über voraussichtliche statistische Mittelwerte von Zufallsprozessen in Form sogenannter Erwartungswerte, wenn gewisse Randbedingungen bekannt sind. Außerdem kann die Treffsicherheit solcher Werte ermittelt werden. Die voraussichtliche relative Abweichung der tatsächlich eintretenden Mittelwerte von den zugehörigen Erwartungswerten ist dabei generell um so geringer, je länger der zu analysierende Zufallsprozeß ist, d.h. bezüglich Roulette, je größer die in Betracht gezogene Anzahl von Coups ist. Sind bespielte Chance und Satztechnik, d.h. die Bemessung der jeweiligen Höhe des Einsatzes in Abhängigkeit von den vorangegangenen Coupergebnissen vorgegeben, so stellt auch die Folge der einzelnen Satzverluste und -gewinne einen Zufallsprozeß dar, dessen Kennwerte berechenbar sind.

Der Roulettespieler ist insbesondere am Spielresultat in Form des Saldogewinnes oder -verlustes interessiert. Dieses Spielresultat kann als zu untersuchende Zufallsgröße festgelegt werden. Das Maß der Sicherheit oder Möglichkeit, nämlich die mathematische Wahrscheinlichkeit, daß diese Zufallsgröße einen vorgegebenen Wert aufweist, kann für jeden Wert des Spielresultats ermittelt werden. Der durchschnittliche Wert – dieser entspricht dem arithmetischen Mittelwert des Spielresultats aus einer unendlich großen Anzahl von Partien, die in der vorgegebenen Spielweise durchgeführt werden, – stellt den sogenannten Erwartungswert des Spielresultats dar. Die Kenntnis dieses Erwartungswertes ist für den Roulettespieler von besonderer Bedeutung, denn dieser Erwartungswert ist mit dem wahrscheinlichsten Mittelwert des Spielresultats identisch. Die Verteilung der den einzelnen Werten des Spielresultats zugeordneten Einzelwahrscheinlichkeiten, die sogenannte Wahrscheinlichkeitsverteilung der Zufallsgröße, gibt über das Streuungsverhal-

ten des Spielresultats Aufschluß. Die für die Quantifizierung der genannten Kennwerte zur Verfügung stehenden mathematischen Disziplinen sind die Wahrscheinlichkeitsrechnung und die Statistik. Die anwendbaren Methoden sind:

- die geschlossene mathematische Analyse mit den Mitteln der Wahrscheinlichkeitsrechnung,
- die Simulation des Zufallsprozesses mit Hilfe eines Computers und die statistische Auswertung.

Mit der ersten Methode können exakte Werte ermittelt werden, die zweite Methode liefert Näherungswerte. Beide Methoden gelangen im vorliegenden Buch zur Anwendung.

Die Wahrscheinlichkeitsrechnung stellt ein relativ junges Teilgebiet der Mathematik dar. Zwar hat der Wahrscheinlichkeitsbegriff schon in der klassischen griechischen Philosophie eine Rolle gespielt, die eigentlichen Anfänge der Wahrscheinlichkeitsrechnung sind aber erst später im Zusammenhang mit der Lösung von Problemen des Glücksspiels dokumentiert. Erste Versuche der mathematischen Behandlung von Fragestellungen des Glücksspiels, insbesondere des Würfelspiels, erfolgten in der Zeit der Renaissance. Am Hasard – Sammelbegriff für alle Glücksspielarten, der aus dem arabischen „al zhar" für „der Würfel" abgeleitet wird – entzündeten sich vermutlich also erstmalig die Geister von Mathematikern, die den Gesetzmäßigkeiten des Zufalls auf den Grund gehen wollten.

An der Herausbildung der Wahrscheinlichkeitsrechnung zu einer selbständigen Disziplin der Mathematik haben dann später in der Zeit vom 17. bis zum 19. Jahrhundert u.a. P. FERMAT (1601-1665), B. PASCAL (1623-1662), CHR. HUYGENS (1629-1695), J. BERNOULLI (1654-1705), A. MOIVRE (1667-1754), P. LAPLACE (1749-1827), C. E. GAUSS (1777-1855), S. D.

POISSON (1781-1840) und P. L. TSCHEBYSCHEW (1821-1894) einen besonderen Anteil. Auf BLAISE PASCAL wird in manchen Veröffentlichungen, so auch [2], fälschlicherweise das Rouletteprinzip zurückgeführt. PASCAL bezeichnete in seiner 1649 veröffentlichen „Geschichte der Roulette oder Trochoide und Cycloide" mit Roulette jedoch lediglich die Ortskurve, auf der sich ein fester Punkt der Oberfläche einer sich drehenden Kugel bewegt. Dieses geometrische Problem hat mit dem Roulettespiel nichts zu tun, dessen wirklicher Erfinder unbekannt ist.

Die Bedeutung der Wahrscheinlichkeistrechnung insbesondere für Naturwissenschaften und Technik ist äußerst groß, denn sie ermöglichte es, eine Vielzahl von Erscheinungen und Zusammenhängen mathematisch zu erfassen und exakt zu quantifizieren. Dies gilt beispielsweise für wichtige Prozesse in der Physik der Elementarteilchen, der Elektronenröhren und Halbleiter, der Gase, der Lichtemission, für die MENDELSchen Gesetze der Biologie, für die Nachrichtentechnik und Informatik, aber auch für Probleme der Zuverlässigkeit technischer Systeme oder die Qualitätskontrolle in der industriellen Massenproduktion.

ERWIN SCHRÖDINGER stellte 1922 zum Thema „Was ist ein Naturgesetz" bei seiner Antrittsrede an der Universität Zürich fest:

„Die physikalische Forschung hat klipp und klar bewiesen, daß zumindest für die erdrückende Mehrheit der Erscheinungsabläufe, deren Regelmäßigkeit und Beständigkeit zur Aufstellung des Postulates der allgemeinen Kausalität geführt haben, die gemeinsame Wurzel der beobachteten strengen Gesetzmäßigkeit der Zufall ist."

Diese Aussage verdeutlicht die Bedeutung von Zufallserscheinungen und -vorgängen in der Physik. Mit Hilfe der Wahrscheinlich-keitsrechnung ist es möglich, die Gesetzmäßigkeiten und Auswirkungen solcher Zufallsprozesse in Abhängigkeit von den beteiligten Einflußgrößen mathematisch präzise zu erfassen.

Es liegt deshalb eigentlich sehr nahe, daß auch der Roulettespieler, der dem Zufallsgeschehen des Roulettes ausgeliefert ist, sich der analytischen Möglichkeiten der Wahrscheinlichkeitsrechnung bedient. Nur hierdurch ist er in der Lage, seine Spielmethode realistisch zu beurteilen und verborgene Risiken zu erkennen.

In der Terminologie der Spieltheorie [5, 6] stellt Roulette ein sogenanntes Nullsummenspiel dar. Dies bedeutet, es gibt immer einen Sieger und einen Verlierer, die Summe von Gewinn und Verlust ist dabei gleich null. In der Konfliktsituation zwischen den Roulettespielern auf der einen Seite und der Spielbank auf der anderen Seite, in der jede der beiden Parteien gewinnen will, hat sich erfahrungsgemäß auf die Dauer stets die Spielbank als der Gewinner und die Menge der Spieler als der Verlierer erwiesen. Impliziert diese Tatsache, daß der einzelne Roulettespieler nicht in der Lage ist, seine Gewinnchancen zu verbessern und Vorteile gegenüber der Spielbank zu erzielen? – Generationen von Roulettespielern haben die Beantwortung dieser Frage gewissermaßen ihrem Schicksal überlassen: Die Antwort ergab sich als Ergebnis des praktischen Spiels. Sicher ist es jedoch vernünftiger und klüger im Sinne des alten lateinischen Spruches

Quidquid agis,
prudenter agas
et respice finem[3]

dem praktischen Versuch die vernünftige Überlegung voranzustellen.

---

[3] Was du auch immer tust, tue es klug und beachte das Ende (Ergebnis)

Diesem Zweck dient das vorliegende Buch. Nach einer Einführung in die Wahrscheinlichkeitsrechnung, die auch den diesbezüglich mathematisch nicht vorgebildeten Leser in die Lage versetzen soll, den anschließenden Erörterungen zu folgen, werden das Spiel mit gleichbleibender Satzhöhe und eine Reihe von Progressionsspielarten einer mathematischen Analyse unterzogen. Die resultierenden Ergebnisse und Erkenntnisse liefern ein umfassendes und aufschlußreiches Bild über die wesentlichen in Frage kommenden Spielmethoden. Das Beispiel der angewendeten mathematischen Vorgehens- und Verfahrensweise wird manchen Leser befähigen, spezielle Varianten dieser Spielmethoden, die ihn interessieren, auch selbst in ähnlicher Weise zu untersuchen.

Leser, die zunächst ihre Kenntnisse über die „Roulette-Spielregeln" auffrischen oder ergänzen möchten, werden auf den gleichnamigen Abschnitt im Anhang J (Seite 153) hingewiesen.

Zufall und Wahrscheinlichkeit

Unter diesem Titel werde ein kleiner Exkurs in die Wahrscheinlichkeitsrechnung oder Stochastik[1] unternommen, die mathematische Modelle für zufällige, nicht voraussagbare Erscheinungen, nämlich sogenannte

Zufallsereignisse

liefert, die in diesem Zusammenhang meistens einfach als „Ereignisse" bezeichnet werden. Hierbei geht es nicht um die nähere Definition oder Qualifizierung dieser Ereignisse, sondern um Fragen, die unmittel- oder mittelbar mit den Chancen und Häufigkeiten ihres Eintretens zu tun haben. Hinsichtlich eines vorgegebenen Ereignisse erfolgt oder unterbleibt diese „Realisation" im Versuchsfall. Der Begriff „Versuch" ist hierbei weit gefaßt: Es kann sich um einen Versuch oder ein Experiment im engeren oder weiteren Sinne handeln, nämlich eine Beobachtung, Zählung, Messung oder ähnliches.

Beispiel: Ereignis = sichtbare Sternschnuppe; Versuch = Beobachtung des Himmels über vorgegebenen Zeitraum.

Sind die Ereignisse selbst quantitativ definiert, so können sie als Realisationen von zufallsartigen numerischen Variablen, nämlich sogenannten

Zufallsgrößen

aufgefaßt werden. Die aufeinanderfolgenden numerischen Realisationen einer solchen Zufallsgröße bilden eine

Zufallsfolge

oder -sequenz. Steht der Aspekt des zeitlichen Ablaufs oder des Vorgangs an und für sich im Vordergrund, so sind Bezeichnungen wie

Zufallsprozeß,

stochastischer Prozeß oder Schwankungsvorgang gebräuchlich. Der jeweils in Erscheinung tretende Wert der Zufallsgröße ist undeterminiert im Sinne von nicht vorherbestimmt. Im Fall des Roulettes können die geworfenen Zahlen als Werte einer Zufallgröße interpretiert werden, die nur ganzzahlige Werte annehmen kann, und deshalb als

diskrete Zufallsgröße

zur Unterscheidung gegenüber stetigen Zufallsgrößen bezeichnet wird.

Kann die Zufallsgröße – allgemein betrachtet – jeweils nur einen von n unterschiedlichen, d.h. von sich gegenseitig ausschließenden Werten annehmen, so sind n Ereignisse definierbar, die diesen Werten assoziiert sind. Die Menge, welche als Elemente diese n Ereignisse enthält, bezeichnet man als

vollständiges System von Ereignissen.

Die einzelnen Ereignisse werden in den folgenden Ausführungen vorzugsweise mit x_1, x_2, x_3, ..., x_n oder x, y, z bezeichnet. Der Mindestwert von n ist 2, denn für n=1 existiert ja nur ein einziger Ereignistyp, der im Fall der Realisation eines Ereignisses mit Sicherheit eintreten muß, so daß von einem Zufallsprozeß nicht die Rede sein kann.

---

[1] Vom griechischen στοχορ für Ziel. Die Stochastik befaßt sich mit dem „Anvisieren" und Abschätzen von Zufallserscheinungen und ist synonym mit Zufallslehre, Wahrscheinlichkeitslehre.

Die weiteren Erörterungen – mit Ausnahme der Behandlung des Grenzwertsatzes von MOIVRE-LAPLACE (→22ff) – sollen auf diskrete Zufallsgrößen beschränkt werden. Eine weitere Beschränkung soll sein, daß die Ereignisse der betrachteten Zufallsprozesse unkorrelierte, also voneinander

unabhängige Zufallsereignisse

sind. Dies bedeutet, daß vorhergehende Ereignisse keinen Einfluß auf die folgenden haben. Da kein kausaler Zusammenhang zwischen den Ereignissen besteht, existiert also in Erwartung des jeweils nächsten Ereignisses keine besondere Präferenz, die auf vorangegangenen Ereignissen basiert, für ein bestimmtes unter den n Ereignissen.

Um die bisher gegebenen Definitionen zu verdeutlichen, werde als Beispiel eines diskreten Zufallsprozesses das Würfeln mit einem einzelnen Spielwürfel näher betrachtet. Folgende Feststellungen können getroffen werden:

- Zufallsgröße ist die gewürfelte „Augenzahl".
- Die n=6 möglichen Werte dieser diskreten Zufallsgröße sind die ganzen Zahlen von 1 bis 6.
- Diese Werte korrespondieren mit sechs möglichen Zufallsereignissen, die beispielsweise folgendermaßen bezeichnet werden können: $x_1=1$, $x_2=2$, ..., $x_6=6$.
- $x_1, x_2, ..., x_6$ bilden ein vollständiges System von n=6 Zufallsereignissen.
- Die Folge geworfener Augenzahlen stellt einen Zufallsprozeß dar.
- Die Ereignisse sind voneinander unabhängig.

Infolge des letztgenannten Sachverhaltes und da im vorliegenden Fall alle Ereignisse gewissermaßen gleichberechtigt sind, besteht in Erwartung des jeweils nächsten Würfelergebnisses keine Präferenz für einen bestimmten Wert: Die Chance oder Möglichkeit, daß ein bestimmtes von den sechs Ereignissen eintritt, ist für alle Ereignisse gleich.

Den vorliegenden Sachverhalt kann man mathematisch folgendermaßen formulieren: Jedes Ereignis hat die gleiche

Wahrscheinlichkeit

p^2, nämlich

$$p(x_i) = 1/6$$

mit i = 1, 2, 3, ..., 6.

Diese Quantifizierung der sogenannten

Einzelwahrscheinlichkeit

$p(x_i)$ des einzelnen Ereignisses setzt die Wahrscheinlichkeit des sicheren Ereignisses mit p=1 als Summe der Einzelwahrscheinlichkeiten voraus. Diese Voraussetzung gilt generell, also auch bei ungleichen Einzelwahrscheinlichkeiten. p=1 bedeutet also nichts anderes, als daß mindestens eines der möglichen n Ereignisse des vollständigen Systems eintreten muß. Es gilt also

$$\sum_{i=1}^{n} p(x_i) = 1. \tag{1}$$

$p(x_i)$ ist eine zwischen 0 und 1 gelegene Zahl, also

$$0 < p(x_i) < 1.$$

Die Wahrscheinlichkeit des sicheren Ereignisses ist 1. Die Wahrscheinlichkeit des unmöglichen Ereignisses ist 0. Existieren mit n=2 nur zwei Ereignisse x und y, dann ist mit Gl. (1)   p(x)=1−p(y) und p(y)=1−p(x).

Sind die Einzelwahrscheinlichkeiten in einem Zufallsprozeß bekannt, dann kann auch die Frage beantwortet werden, welche Wahrscheinlichkeit dafür besteht, daß

---

[2] p ist der Anfangsbuchstabe des Wortes Probabilität vom lateinischen *probabilitas* für Wahrscheinlichkeit.

x oder y,

also ein bestimmtes Ereignis x oder ein bestimmtes Ereignis y eintritt. Bei gleichen Einzelwahrscheinlichkeiten wie im Fall des Würfelspiels erscheint es unmittelbar als plausibel, daß diese Wahrscheinlichkeit doppelt so groß wie die Einzelwahrscheinlichkeit, d. h. gleich der Summe der beiden Einzelwahrscheinlichkeiten sein muß. Dieser Sachverhalt gilt jedoch generell, also auch bei ungleichen Einzelwahrscheinlichkeiten, so daß folgende Beziehung angegeben werden kann:

$$p(x \cup y) = p(x) + p(y) \qquad (2)$$

(x$\cup$y bezeichnet das Ereignis x oder y).

Diese Beziehung kann assoziativ erweitert werden: Da x$\cup$y als neuer Ereignistyp mit der Wahrscheinlichkeit p(x$\cup$y) aufgefaßt werden kann, muß gemäß Gl. (2) die Wahrscheinlichkeit für das Eintreten des Ereignisses x$\cup$y oder des Ereignisses z

$$p((x \cup y) \cup z) = p(x \cup y \cup z) = p(x) + p(y) \\ + p(z)$$

sein. Durch fortgesetzte Assoziation der Einzelereignisse gelangt man letztlich zur Summe aller n Einzelwahrscheinlichkeiten gemäß Gl. (1), die das sichere Ereignis kennzeichnet.

Nach Ermittlung der Wahrscheinlichkeit für oder-verknüpfte Ereignisse stellt sich die Frage nach der Wahrscheinlichkeit für und-verknüpfte Ereignisse. Diese Frage kann präzisiert werden: Wie groß ist die Wahrscheinlichkeit, daß

x und y,

also ein Ereignis x und ein Ereignis y gleichzeitig[3] oder in einem vorgegebenen Abstand, beispielsweise unmittelbar hintereinander, eintreten? Beim Würfeln könnte die Frage

---

[3] Bei zwei oder mehreren Zufallsprozessen, die gleichzeitig ablaufen

beispielsweise lauten: Wie groß ist die Wahrscheinlichkeit, daß zunächst eine „1" und anschließend eine „2" gewürfelt wird? Die Einzelwahrscheinlichkeit für „1" ist $p(x_1)=1/6$. Die Einzelwahrscheinlichkeit $p(x_2)$ für die folgende „2" ist ebenfalls 1/6. Offensichtlich muß die Wahrscheinlichkeit für das kombinierte Ereignis 1/6 von 1/6 sein, was nichts anderes bedeutet, als daß die Einzelwahrscheinlichkeiten miteinander multipliziert werden müssen. Es gilt also:

$$p(x \cap y) = p(x)p(y) = 1/36$$

(x$\cap$y bezeichnet das Ereignis x und y).

Dieser Sachverhalt wird im vorliegenden Fall auch dann verständlich, wenn man sich vor Augen führt, daß insgesamt die folgenden 36 Kombinationen von jeweils zwei Augenzahlen möglich sind:

$1\cap1$	$2\cap1$	$3\cap1$	...	$6\cap1$
$1\cap2$	$2\cap2$	$3\cap2$	...	$6\cap2$
$1\cap3$	$2\cap3$	$3\cap3$	...	$6\cap3$
$\vdots$	$\vdots$	$\vdots$		$\vdots$
$1\cap6$	$2\cap6$	$3\cap6$	...	$6\cap6$

Jede Kombination kann als Einzelereignis x_i von n=36 möglichen Einzelereignissen aufgefaßt werden. Alle Kombinationen sind im Sinne der Wahrscheinlichkeit gleichberechtigt. Da die Summe der Einzelwahrscheinlichkeiten gemäß Gl.(1) 1 ist, muß die Wahrscheinlichkeit jeder Kombination also 1/36 sein.

Es ist jedoch leicht einzusehen, daß auch bei ungleichen Einzelwahrscheinlichkeiten die Wahrscheinlichkeit für das kombinierte Ereignis gleich dem Produkt der Einzelwahrscheinlichkeiten sein muß. Es gilt also generell:

$$p(x \cap y) = p(x)p(y). \qquad (3)$$

Auch diese Beziehung kann assoziativ erweitert werden:

$$p((x \cap y) \cap z) = p(x \cap y \cap z) = p(x)p(y)p(z).$$

Werden die N Realisationen einer Zufallsgröße X im Verlauf eines Zufallsprozesses mit $y_1, y_2, y_3, \ldots y_N$ bezeichnet, so kann der

arithmetische Mittelwert

der y_i nach folgender Beziehung berechnet werden:

$$M\{X\} = \frac{y_1 + y_2 + y_3 + \ldots + y_N}{N}. \qquad (4)$$

Da M{X} aus den Realisationen einer Zufallsgröße X hervorgeht, stellt M{X} ebenfalls eine Zufallsgröße dar. Wird M{X} in einem stationären[4] Zufallsprozeß für jedes N registriert, so stellt sich M{X} als ein stochastischer Schwankungsvorgang dar, dessen Ausschläge mit wachsendem N tendenziell kleiner werden und der sich auf einem bestimmten Niveau immer mehr beruhigt. Dieses Niveau wird als

Erwartungswert

von X bezeichnet. Es gilt also

$$E\{X\} = \lim_{N \to \infty} M\{X\}$$

(E{X} bedeutet Erwartungswert von X).

Man kann diesen Sachverhalt auch entsprechend dem sogenannten

Gesetz der großen Zahlen

beschreiben: Die Wahrscheinlichkeit dafür, daß M{X} sich von E{X} um einen beliebig kleinen Wert $\varepsilon > 0$ unterscheidet, konvergiert mit wachsendem N gegen null, also

$$\lim_{N \to \infty} p(|M\{X\} - E\{X\}| > \varepsilon) = 0. \qquad (5)$$

Beide Definitionen bringen zum Ausdruck, daß der arithmetische Mittelwert einer Zufallsgröße X mit wachsender Länge N des Zufallsprozesses, also mit wachsender Anzahl N der Realisationen von X, aufhört, eine echte Zufallsgröße zu sein.

Sind alle möglichen Werte $x_1, x_2, x_3, \ldots, x_n$ und die zugehörigen Wahrscheinlichkeiten $p_1, p_2, p_3, \ldots, p_n$ (mit $p_i = p(x_i)$) der Zufallsgröße X bekannt, dann kann der Erwartungswert erster Ordnung von X nach folgender Beziehung berechnet werden:

$$E\{X\} = x_1 p_1 + x_2 p_2 + x_3 p_3 + \ldots + x_n p_n = \sum_{i=1}^{n} x_i p_i. \qquad (6)$$

Der Erwartungswert stellt also die Summe der mit den zugehörigen Einzelwahrscheinlichkeiten gewichteten Werte der Zufallsgröße dar.

Man bezeichnet den Erwartungswert von X auch als Moment erster Ordnung oder als Schwerpunkt von X.

Der Erwartungswert muß nicht mit einem der möglichen Werte x_i von X übereinstimmen. Dies gilt beispielsweise hinsichtlich des Erwartungswertes der Augenzahl beim Spielwürfel. Die Zufallsgröße X kann in diesem Fall durch folgende

Verteilungstabelle

beschrieben werden:

X:	1	2	3	4	5	6
	1/6	1/6	1/6	1/6	1/6	1/6

In der oberen Zeile der Verteilungstabelle stehen die Werte x_i der Zufallsgröße X, in der unteren Zeile sind die zugehörigen Wahrscheinlichkeiten angegeben.

---

[4] In einem stationären Zufallsprozeß sind die Wahrscheinlichkeiten der einzelnen Ereignisse zeitunabhängig.

Gemäß Gl. (6) resultiert folgender Erwartungswert:

$$E\{X\} = \frac{1+2+3+4+5+6}{6} = 3{,}5.$$

Dieser Wert stellt also keine mögliche Augenzahl, sondern nur den Schwerpunkt der Augenzahlenwerte bzw. den wahrscheinlichsten arithmetischen Mittelwert gewürfelter Augenzahlenwerte dar.

Der Erwartungswert der Summe der Zufallsgrößen $X_1, X_2, X_3, \ldots, X_k$ ist gleich der Summe der Erwartungswerte der einzelnen Zufallsgrößen. Es gilt also

$$E\{X_1 + X_2 + X_3 + \ldots + X_k\} =$$
$$E\{X_1\} + E\{X_2\} + E\{X_3\} + \ldots + E\{X_k\}. \quad (7)$$

Die Gültigkeit dieses Theorems ist unmittelbar mit Hilfe von Gl. (6) beweisbar:

Das einzelne x_i von X in Gl. (6) kann als einer der beiden möglichen Werte einer Zufallsgröße X_i aufgefaßt werden, für die folgende Verteilungstabelle gilt:

X_i:

x_i	0
p_i	$1-p_i$

Dann ist der Erwartungswert von X_i gemäß Gl. (6):

$$E\{X_i\} = x_i p_i + 0(1-p_i) = x_i p_i.$$

Die einzelnen Summanden in Gl. (6) können also als Erwartungswerte der Zufallsgrößen X_i mit den Werten x_i und 0 aufgefaßt werden. X ist dann die Summe der X_i. Dieser Sachverhalt bestätigt Gl. (7).

Unter dem

Streuungsquadrat

einer Zufallsgröße versteht man den Erwartungswert zweiter Ordnung der Differenz von Zufallsgröße und Erwartungswert erster Ordnung, nämlich

$$E\{(X-E\{X\})^2\} = \sum_{i=1}^{n} (x_i - E\{X\})^2 p_i = \sigma^2 \quad (8)$$

σ^2 wird auch als

Varianz

von X bezeichnet. σ stellt die sogenannte

Standardabweichung

von X dar. Faßt man $(X-E\{X\})^2$ als eine neue Zufallsgröße Y auf, so ist mit $\sigma^2 = E\{Y\}$ die Varianz der Erwartungswert erster Ordnung von Y, und es gelten die auf diese Zufallsgröße angewandten Algorithmen Gl. (6) und (7).

Ein besonders interessanter Parameter konkreter Zufallsprozesse ist die Häufigkeit bestimmter Ereignisse. Bezeichnet man mit N die Länge des Zufallsprozesses, also die Gesamtzahl aller eintretenden Ereignisse, und mit H(x) die Anzahl von Ereignissen x, also die absolute Häufigkeit von x, dann ist die

relative Häufigkeit

dieses Ereignisses

$$h(x) = \frac{H(x)}{N}. \quad (9)$$

Offensichtlich sind H(x) und h(x) Zufallsgrößen: Tritt im Ereignisfall x ein, so erhöht sich H(x) um 1. Tritt x nicht ein, sondern ein anderes Ereignis $\bar{x}$, d.h. „nicht x", so erhöht sich H(x) um 0. Es kann also eine Zufallsgröße X definiert werden, für welche folgende Verteilungstabelle gilt:

X:

1	0
p	$1-p$

Der Erwartungswert von X ist gemäß Gl. (6):

$$E\{X\} = 1 \cdot p + 0 \cdot (1-p) = p.$$

$H(x)$ stellt die Summe der Werte von X nach N Realisationen von X dar. Infolgedessen ist gemäß Gl. (7)

$$E\{H(x)\} = NE\{X\} = Np. \qquad (10)$$

Mit Gl. (9) ergibt sich somit für den Erwartungswert der relativen Häufigkeit

$$E\{h(x)\} = \frac{E\{H(x)\}}{N} = p. \qquad (11)$$

Der Erwartungswert der relativen Häufigkeit eines Ereignisses ist also mit der Wahrscheinlichkeit dieses Ereignisses identisch.

Die Varianz von $H(x)$ kann unmittelbar mit Gl. (8) oder nach Einführung einer neuen Zufallsgröße $Y=(X-E\{X\})^2$ ermittelt werden. Im folgenden werde die letztgenannte Möglichkeit gewählt. Mit $E\{X\} = p$ kann für Y folgende Verteilungstabelle angegeben werden:

Y:

$(1-p)^2$	p^2
p	$1-p$

Dann ergibt sich mit Gl. (6) folgender Erwartungswert von Y:

$$E\{Y\} = p(1-p)^2 + (1-p)p^2 = p(1-p).$$

σ^2 stellt die Summe der Erwartungswerte von Y nach N Realisationen von Y dar. Infolgedessen ist gemäß Gl. (7):

$$\sigma^2 = E\{(H(x)-E\{H(x)\})^2\} = NE\{Y\}$$
$$= Np(1-p). \qquad (12)$$

Für die Varianz der relativen Häufigkeit ergibt sich:

$$\sigma_h^2 = \frac{\sigma^2}{N^2} = \frac{p(1-p)}{N}. \qquad (13)$$

Es stellt sich nun die Frage nach der Wahrscheinlichkeit für bestimmte Abweichungen der relativen Häufigkeit $h(x)$ gegenüber ihrem Erwartungswert $p(x)$. Bevor auf diese Frage näher eingegangen wird, werde ein konkreter Zufallsprozeß näher betrachtet.

Mit einem Personal Computer wurde ein Simulationsprogramm für Spielwürfelergebnisse, das im Anhang A beschrieben ist, durchgeführt. Während des Programmablaufs wurden in Schritten von $\Delta N = 500$ die jeweils aktuellen relativen Häufigkeiten der einzelnen Augenzahlenwerte festgestellt und gespeichert. Diese Werte sind im Diagramm 1 für zwei der beobachteten Augenzahlenwerte über N bis $N=10000$ graphisch dargestellt. Die Verläufe der relativen Häufigkeiten scheinen sich, wie erwartet, von relativ großen Anfangsabweichungen aus mit wachsendem N auf p hin zu orientieren. Man erkennt ferner, daß der Abstand zu den eingetragenen Grenzen $p+3\sigma$ und $p-3\sigma$ deutlich bleibt. Offenbar stellt der Bereich zwischen diesen beiden Grenzen einen relativ sicheren Vertrauensbereich dar, für den eine geringe Überschreitungswahrscheinlichkeit besteht. Hierauf soll im folgenden näher eingegangen werden.

Zunächst muß festgestellt werden, welche Einzelwahrscheinlichkeiten die möglichen Werte der Häufigkeit haben. Zu diesem Zweck werde ein einfaches und überschaubares System von Ereignisfolgen gleicher Länge ausgewählt und näher betrachtet. Jede dieser Ereignisfolgen soll aus $N=4$ Realisationen der gleichwahrscheinlichen Ereignisse x und y bestehen.

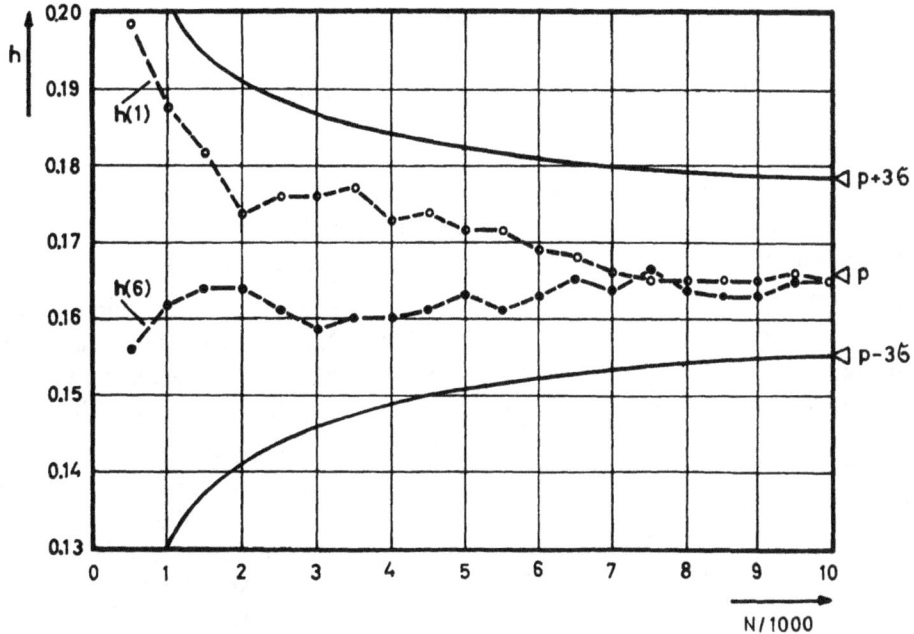

Diagramm 1
Relative Häufigkeit h bestimmter Augenzahlenwerte in Abhängigkeit von der Anzahl N aller Spielwürfelergebnisse als Ergebnis eines Simulationslaufes mit einem Tischrechner

Dann kann folgendes Schema angegeben werden:

Ereignisfolge				H(x)
y	y	y	y	0
x	y	y	y	1
y	x	y	y	1
y	y	x	y	1
y	y	y	x	1
x	x	y	y	2
x	y	x	y	2
x	y	y	x	2
y	x	x	y	2
y	x	y	x	2
y	y	x	x	2
x	x	x	y	3
x	x	y	x	3
x	y	x	x	3
y	x	x	x	3
x	x	x	x	4

Linksseitig in diesem Schema sind die möglichen $2^N = 16$ Kombinationen von x und y aufgeführt. Die Wahrscheinlichkeit jeder Kombination ist gleich groß, nämlich gemäß Gl. (3) $p^4 = 1/16$. Dies ist das Produkt der Einzelwahrscheinlichkeiten $p = p(x) = p(y) = 1/2$. Unter H(x) sind die den einzelnen Kombinationen zugeordneten absoluten Häufigkeiten von x aufgelistet.

Es interessiert nun, wie groß die relative Häufigkeit bestimmter Häufigkeitswerte H(x) selbst ist. Die absolute Häufigkeit von H(x)=1 ist beispielsweise 4. Die relative Häufigkeit von H(x)=1 ist also 4/16=1/4. Da alle möglichen Kombinationen von x und y erfaßt sind, entspricht diese relative Häufigkeit auch der Wahrscheinlichkeit von H(x)=1.

Insgesamt ergibt sich nach analoger Ausrechnung der anderen Wahrscheinlichkeiten folgende Verteilungstabelle:

H(x):	0	1	2	3	4
	1/16	1/4	3/8	1/4	1/16

Einleuchtenderweise ist die Verteilung der Wahrscheinlichkeiten symmetrisch zu H(x)=2. Außerdem ist leicht einzusehen, daß die Wahrscheinlichkeit von H(x)=N/2=2 am größten und von H(x)=0 und H(x)=N=4 am geringsten sein muß.

Das angewandte Verfahren zur Bestimmung der Wahrscheinlichkeit von Häufigkeiten ist natürlich auch für kleinere und größere Werte von N möglich, abgesehen davon, daß sich mit wachsendem N der Rechenaufwand exponentiell steigert. Ferner können ungleiche Einzelwahrscheinlichkeiten berücksichtigt werden. Es läßt sich dann induktiv beweisen, daß H(x) generell

binomialverteilt

ist und folgende Beziehung mit p=p(x) und K=0,1,2,...,N gilt:

$$p(H(x)=K) = \binom{N}{K} p^K (1-p)^{N-K}$$

$$= \frac{N!}{K!(N-K)!} p^K (1-p)^{N-K}. \quad (14)$$

Diese sogenannte NEWTONsche Formel soll für N = 4, K = 2 und p = 1/2 angewendet werden. Es resultiert

$$p(H(x)=2) = \frac{4 \cdot 3 \cdot 2}{2 \cdot 2} 2^{-2} 2^{-2} = 3/8.$$

Das gleiche Resultat wurde aus dem erörterten Schema gewonnen.

Für große Werte von Np kann die Zufallsgröße H(x) mit guter Annäherung als

normalverteilt

aufgefaßt werden[5]. Sie folgt dann in der Verteilung der

Gaussschen Fehlerkurve

$$\varphi(x;\mu, \sigma^2) = \frac{1}{\sqrt{2\pi}\,\sigma} e^{-(x-\mu)^2/2\sigma^2} \; (-\infty < x < \infty). \quad (15)$$

$\varphi(x;\mu,\sigma^2)$ stellt die sogenannte

Wahrscheinlichkeitsdichtefunktion

einer normalverteilten stetigen Zufallsgröße X mit den Werten x dar. μ ist der Erwartungswert erster Ordnung und σ die Standardabweichung dieser Zufallsgröße.

Im Diagramm 2 ist die GAUSSsche Fehlerkurve für $\mu=\sigma=1$ dargestellt, die in ihrem Verlauf der Kontur einer Glocke ähnelt und deshalb auch als Glockenkurve bezeichnet wird. An der Stelle des Erwartungswertes x=μ besitzt die GAUSSsche Fehlerkurve ein Maximum. Die Kurve verläuft symmetrisch zu diesem Maximum.

Der Begriff „Wahrscheinlichkeitsdichte" wird bei stetigen Zufallsgrößen X für eine Funktion von x verwendet, die dem Differential der

Verteilungsfunktion

$$\Phi(x;\mu,\sigma^2) = p(X \leq x)$$

entspricht. Infolgedessen ist

$$p(a \leq x \leq b) = \int_a^b f(x)dx$$

$$= \Phi(b;\mu,\sigma^2) - \Phi(a;\mu,\sigma^2) \quad (16)$$

---

[5] Diese Aussage entspricht dem sogenannten Grenzwertsatz von MOIVRE-LAPLACE, einem Spezialfall des sogenannten Zentralen Grenzwertsatzes für Zufallsgrößen.

die Wahrscheinlichkeit dafür, daß x zwischen den Grenzen a und b liegt. Da der Bereich von $-\infty$ bis ∞ alle möglichen Werte x von X einschließt, ist

$$\int_{-\infty}^{\infty} f(x)dx = \Phi(\infty;\mu,\sigma^2) = 1$$

die Wahrscheinlichkeit für das sichere Ereignis.

Setzt man $\mu = 0$ und $\sigma = 1$, so wird die sogenannte $N(\mu,\sigma^2)$-Verteilung[6] gemäß Gl. (15) in die $N(0,1)$-Standardverteilung überführt:

$$\varphi(x) = \frac{1}{\sqrt{2\pi}} e^{-x^2/2} \qquad (17)$$

Man erhält diese standardisierte Form der Normalverteilung einheitlich für alle GAUSS- oder normalverteilten Zufalls-

größen, wenn für x die normierten Zufallswerte

$$x = \frac{y - \mu}{\sigma} \qquad (18)$$

eingeführt werden, wobei y die nicht-normierten Zufallswerte der jeweils betrachteten Zufallsgröße darstellen. Der Verlauf von Gl. (17) gleicht der Glockenkurve gemäß Diagramm 2, wenn diese um x= 1 nach links verschoben wird. Das Maximum liegt dann bei x=0, dem Erwartungswert der normierten Zufallsgröße. Die Standardabweichung der normierten Zufallsgröße ist 1.

---

[6] $N(\mu,\sigma^2)$ ist ein Kürzel für Normalverteilung mit dem Erwartungswert μ und der Varianz σ^2.

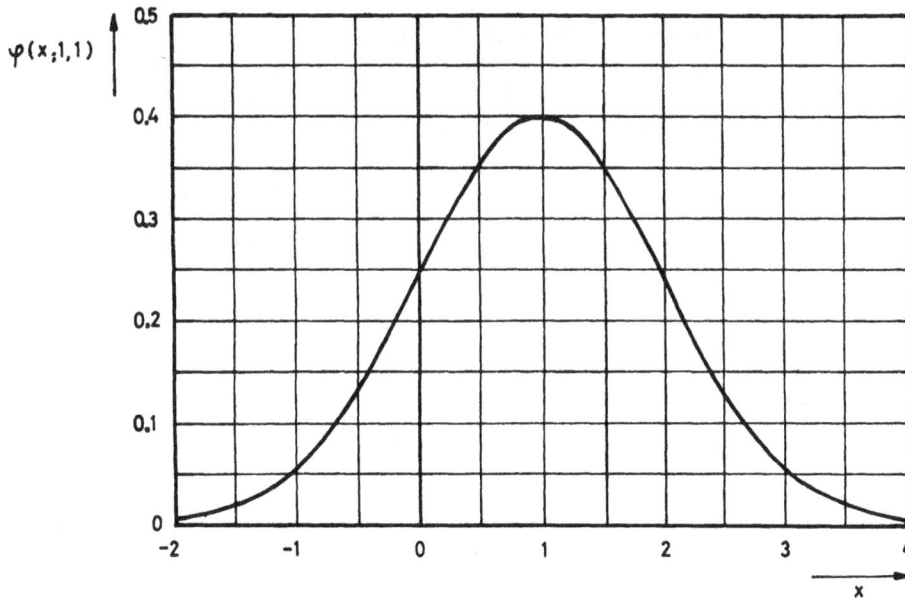

Diagramm 2

GAUSSsche Fehlerkurve $\varphi(x) = \frac{1}{\sqrt{2\pi}\,\sigma} e^{-(x-\mu)/2\sigma^2}$ für $\mu = \sigma = 1$

Tabelle 1

	ϵ in % für angegebene Werte $|k|$ und N				
$|k|$	N = 36	N = 100	N=400	N= 1600	N = 6400
0	+0,233	+0,083	+0,021	+0,005	+0,001
1	-0,454	-0,166	-0,042	-0,010	-0,003
2	+0,176	+0,076	+0,020	+0,005	-0,001
3	+11,85	+3,976	+0,976	+0,240	+0,060

Der einheitliche Verlauf der standardisierten Normalverteilung gemäß Gl. (17) für unterschiedliche normalverteilte Zufallsgrößen impliziert identische Werte für die Wahrscheinlichkeit, daß die normierten Zufallswerte x in irgendein vorgebenes Intervall [a,b] fallen. Bevor hierauf näher eingegangen wird, soll jedoch auf die Aussage zurückgegangen werden, daß für große Werte von Np die Häufigkeit H(x) als normalverteilt gelten kann.

Setzt man für Erwartungswert μ und Standardabweichung σ der Häufigkeit H(x) die Ausdrücke aus Gl. (10) bzw. Gl. (12) in Gl. (15) ein, so erhält man die für Np»1 geltende sogenannte LAPLACEsche Formel

$$p(H(x) = K) \cong \frac{\exp(-(K-pN)^2/(2p(1-p)N))}{\sqrt{2\pi p(1-p)N}} \quad (19)$$

Es soll nun zunächst an Zahlenbeispielen festgestellt werden, inwieweit diese Normalverteilungsannäherung tatsächlich gilt. Zu diesem Zweck werde der Fehler

$$\epsilon = P_{norm}/P_{bin} - 1$$

eingeführt, wobei p_{norm} ein jeweils nach Gl. (19) ermittelter Wert der Normalverteilungsannäherung und p_{bin} die exakte nach Gl. (14) berechnete Wahrscheinlichkeit der Häufigkeit H(x) = K darstellt. Anstelle von K wird die normierte Häufigkeit k = (K-μ)/σ eingeführt. Ferner werde das spezielle Beispiel p=0,5 gewählt, so daß μ = 0,5N und σ = 0,5 · $\sqrt{N}$ gilt. In Tabelle 1 sind für einige charakteristische Werte k und fünf N-Werte die resultierenden maximalen Fehler ϵ aufgeführt.

Die Ergebnisse lassen erkennen, daß in dem betrachteten ±3σ-Bereich von H(x)=K um den Erwartungswert μ, entsprechend $|k| \le 3$, bereits bei ca. N = 100, entsprechend pN=50, H(x) tatsächlich mit guter Annäherung als quasi normalverteilt gelten kann. Mit wachsendem N werden die Abweichungen immer geringer und die k-Bereiche gleich guter Annäherung größer.

Unter diesen Voraussetzungen kann zur Bestimmung von Wahrscheinlichkeiten dafür, daß die normierten K-Werte von H(x), nämlich k=(K-μ)/σ, in vorgegebene k-Bereiche [a,b] fallen, auf die standardisierte Wahrscheinlichkeitsdichte gemäß Gl. (17) mit x=k zurückgegriffen werden. Gemäß Gl. (16) resultiert

$$p\,(a \leq x \leq b) = \int_a^b \varphi\,(x)\,dx\,. \qquad (20)$$

$H(x)$ ist eine wertdiskrete Zufallsgröße und kann nur ganzzahlige Werte 0,1,2, . . .N annehmen. Infolgedessen ist auch $k=(K-\mu)/\sigma$ wertdiskret und kann nur diskrete – im allgemeinen gebrochene – Zahlenwerte annehmen. Anstelle der Integralbildung gemäß Gl. (20) ist also eigentlich eine Summierung der einzelnen Werte $\varphi\,(x)$ für das x-Intervall von a bis b durchzuführen. Für den Gültigkeitsbereich der LAPLACEschen Formel (19) sind die x-Werte jedoch so dicht angeordnet, daß Integration und Summierung von $\varphi\,(x)$ mit guter Näherung das gleiche Ergebnis liefern. Die Übereinstimmung nimmt mit wachsendem Np zu.

Führt man die Verteilungsfunktion

$$\phi\,(x) = p\,(X \leq x) = \int \varphi\,(x)\,dx$$

ein, so gilt entsprechend Gl. (16)

$$p\,(a \leq x \leq b) = \phi\,(b) - \phi\,(a). \qquad (21)$$

Zahlenwerte der Verteilungsfunktion können Funktionstabellen, z. B. in (7) entnommen werden oder mit programmierbaren Computern berechnet werden. Beschränkt man sich auf x-Intervalle, die um den Erwartungswert 0 zentriert sind, so wird aus Gl. (21)

$$p\,(\mid x \mid \,\leq a) = 2\,\phi\,(a) - 1, \qquad (22)$$

bzw.

$$p\,(\mid x \mid \,> a) = 2(1 - \phi(a)). \qquad (23)$$

In der folgenden Tabelle sind die Zahlenwerte von $p\,(\mid x \mid \,\leq a)$ und $p\,(\mid x \mid \,> a)$ für a = 1, 2 und 3 zusammengestellt.

Tabelle 2

a	$p(\mid x\mid \leq a)$	$p(\mid x\mid > a)$
1	68,27%	31,73%
2	95,45%	4,55%
3	99,73%	0,27%

Mit einer Wahrscheinlichkeit von 99,73% ist es praktisch nahezu sicher, daß eine normalverteilte Zufallsgröße in das Intervall $\mu-3\sigma$ bis $\mu+3\sigma$ fällt, d.h., daß sie vom Erwartungswert μ keinen größeren Abstand als das Dreifache der Standardabweichung σ hat. Mit dieser sogenannten

3σ-Regel

wird beispielsweise bei Fehler- und Toleranzberechnungen in vielen wissenschaftlich-technischen Bereichen operiert.

Wie gezeigt wurde, kann die durch Gl. (14) definierte Binomialverteilung

$$p(X=K) = \binom{N}{K} p^K(1-p)^{N-K}$$

einer diskreten Zufallsgröße X, welche die Werte K=0,1,2,...,N annehmen kann, nach dem Grenzwertsatz von MOIVRE-LAPLACE für große Werte von Np durch eine Normalverteilung angenähert werden. Es ist dann auf relativ einfache Weise mit Hilfe der GAUSSschen Normalverteilungsfunktion $\Phi(x)$ möglich, Wahrscheinlichkeiten für vorgegebene Wertebereiche von X zu ermitteln. Auf diese Weise kann die rechnerisch mühsame Auswertung der Binomialverteilungsfunktion umgangen werden. Ist man an Wahrscheinlichkeiten einzelner Werte X=K für große N und kleine p interessiert, so bietet sich anstelle der Auswertung der Binomialverteilungsfunktion ein weiteres vereinfachtes Berechnungsverfahren an. Die Binomialverteilung läßt sich dann nämlich durch eine

POISSON-Verteilung

annähern, die von dem französischen Mathematiker S. D. POISSON (1781-1840) angegeben worden ist:

$$p(X=K) = \frac{\lambda^K}{K!}e^{-\lambda}. \qquad (24)$$

In dieser sogenannten POISSONschen Formel sind der Erwartungswert pN und die Varianz p(1-p)N ≈ pN der Zufallsgröße X wegen p«1 identisch λ.

Die Ähnlichkeit von Binomialverteilung und POISSON-Verteilung ergibt sich aus folgender Grenzwertbeziehung:

$$\lim_{\substack{N\to\infty \\ p\to0 \\ Np=\lambda}} \binom{N}{K} p^K(1-p)^{N-K} = \frac{\lambda^K}{K!}e^{-\lambda}.$$

Beispiel einer annähernd POISSON-verteilten Zufallsgröße ist die Häufigkeit H(x) eines Ereignisses x, dessen Wahrscheinlichkeit p(x)=p sehr gering ist. Es werde angenommen, daß die Anzahl aller beobachteten Ereignisse einschließlich x N=100 beträgt. Ferner sei p=0,01. Dann ist

$$\lambda = Np = 1.$$

Der Erwartungswert der Häufigkeit von x und näherungsweise mit Np(1−p) ≈ Np auch die Varianz nach Gl. (12) sind also 1. In Tabelle 3 sind die nach Gl. (14) und (24) berechneten Wahrscheinlichkeiten für diskrete Werte K=0,1,2,...,7 von H(x) angegeben.

Man erkennt, daß die Wahrscheinlichkeitswerte relativ wenig voneinander differieren. Generell wird, wie erwähnt, die Übereinstimmung um so besser sein, je größer N und je kleiner p ist.

Tabelle 3

H(x)=K	p(H(x)=K)	
	Binomialverteilung	POISSON-Verteilung
0	0,3660	0,3679
1	0,3697	0,3679
2	0,1849	0,1839
3	0,0610	0,0613
4	0,0149	0,0153
5	0,0029	0,0032
6	0,0005	0,0005
7	0,0001	0,0001

Soweit zu den Grundlagen der Wahrscheinlichkeitsrechnung. Die entwickelten Theoreme und Beziehungen bieten ein ausreichendes wahrscheinlichkeitstheoretisches Instrumentarium für die Analyse der wesentlichen Zusammenhänge des Zufallsgeschehens beim Roulette. Leser, die an weiteren Informationen über die Wahrscheinlichkeitstheorie interessiert sind, werden auf [8,9,10] verwiesen.

Teilweise im Vorgriff auf Ausführungen in den folgenden Kapiteln sollen abschließend einige Rechenbeispiele hinsichtlich praktischer Fragestellungen des Roulettes gegeben werden, um die Anwendung der erörterten Grundlagen zu demonstrieren.

BEISPIEL 1

Wie groß ist die Wahrscheinlichkeit, daß mit dem nächsten Coup eine vorgegebene Plein-Zahl, beispielsweise „7", geworfen wird?

Es sind 37 Plein-Zahlen vorhanden, die ein vollständiges System von n=37 Zufallsereignissen (→15) repräsentieren. Da jedem dieser Zufallsereignisse die gleiche Wahrscheinlichkeit zugeordnet ist, beträgt die Wahrscheinlichkeit eines vorgegebenen Ereignisses, beispielsweise „7", p=1/37 ≃ 2,7%.

BEISPIEL 2

Wie groß ist die Wahrscheinlichkeit, daß mit dem nächsten Coup eine vorgegebene Dreiertransversale, beispielsweise „4"-„5"-„6", ausgelost wird?

Zwei unterschiedliche Ansätze zur Beantwortung dieser Frage bieten sich an:

a) Es existieren insgesamt 12 Dreiertransversalen, die mit der zusätzlichen Plein-Zahl Zero ein vollständiges System von Zufallsereignissen bilden. Da die Wahrcheinlichkeit von Zero 1/37 beträgt, siehe BEISPIEL 1, ist die Wahrscheinlichkeit, daß nicht Zero, sondern irgendeine der Dreiertransversalen mit dem nächsten Coup ausgelost wird, ($\rightarrow$16) 1−1/37=36/37. Da alle 12 Dreiertransversalen gleichwahrscheinlich sind, ist die Wahrscheinlichkeit einer vorgegebenen Dreiertransversale p=(36/37)/12=3/37 $\simeq$ 8,1%.

b) Die Wahrscheinlichkeit der Dreiertransversale „4"-„5"-„6" ist die Wahrscheinlichkeit dafür, daß entweder „4" ODER „5" ODER „6" geworfen wird. Es handelt sich also um ein Zufallsereignis, das aus der ODER-Verknüpfung von drei gleichwahrscheinlichen Ereignissen, jedes mit der Wahrscheinlichkeit 1/37, hervorgeht. Infolgedessen ($\rightarrow$16, 17) ist die Wahrscheinlichkeit einer vorgegebenen Dreiertransversale p = 3/37 $\simeq$ 8,1%.

BEISPIEL 3

Wie groß ist der Erwartungswert der absoluten Häufigkeit einer vorgegebenen Plein-Zahl, beispielsweise „17", innerhalb von 37 Coups?

Es wird ein Zufallsprozeß von N=37 nacheinander eintretenden Plein-Ereignissen betrachtet. Der Erwartungswert der relativen Häufigkeit einer vorgegebenen Plein-Zahl entspricht ihrer Wahrscheinlichkeit p ($\rightarrow$20, Gl. 11). Der Erwartungswert der absoluten Häufigkeit der Plein-Zahl „17" ist infolgedessen ($\rightarrow$19, Gl. 10) Np=37/37=1. Ist die betrachtete Länge N des Zufallsprozesses kein

ganzzahliges Vielfaches von 37, so ist der Erwartungswert der absoluten Häufigkeit eine gebrochene Zahl. Für N=100 resultiert beispielsweise 100/37 $\simeq$ 2,7.

BEISPIEL 4

Wie groß sind die Wahrscheinlichkeiten für das Ausbleiben, das einmalige Auftreten, das zweimalige Auftreten und das dreimalige Auftreten einer vorgegebenen Plein-Zahl, beispielsweise „13", innerhalb von 10 Coups?

Es sind verschiedene Lösungsansätze möglich, beispielsweise

a) Die absolute Häufigkeit der Plein-Zahl „13" ist binomialverteilt ($\rightarrow$22). Gemäß Gl. (14) ergibt sich allgemein für das K-malige Auftreten der Plein-Zahl „13" innerhalb von N=10 Coups die Wahrscheinlichkeit

$$p(H=K) = \frac{N!}{K!(N-K)!} \, p^K (1-p)^{N-K}.$$

In dieser Formel ist im vorliegenden Fall p=1/37 die Wahrscheinlichkeit der Plein-Zahl „13". Setzt man für K nacheinander die Werte 0,1,2 und 3 ein, so resultiert:

$p(H=0) = (36/37)^{10}$ $\qquad \simeq$ 76,0%
$p(H=1) = (10/37)(36/37)^9$ $\qquad \simeq$ 21,1%
$p(H=2) = (90/2)(1/37)^2 \, (36/37)^8$ $\quad \simeq$ 2,6%
$p(H=3) = (720/6)(1/37)^3 \, (36/37)^7$ $\quad \simeq$ 0,2%

b) Näherungsweise kann auch von der POISSON-Verteilung ($\rightarrow$26, Gl. 24) ausgegangen werden:

$$p(H=K) = \frac{\lambda^K}{K!} e^{-\lambda}.$$

Im vorliegenden Fall ist λ=Np=10/37 $\simeq$ 0,27. Es folgt:

$p(H=0) = e^{-\lambda}$ $\qquad\qquad \simeq$ 76,3%

$$p(H=1) = \lambda e^{-\lambda} \qquad \simeq 20,6\%$$
$$p(H=2) = (\lambda^2/2)e^{-\lambda} \qquad \simeq 2,8\%$$
$$p(H=3) = (\lambda^3/6)e^{-\lambda} \qquad \simeq 0,3\%$$

Man erkennt, daß diese Näherungswerte nur wenig von den exakten binomialverteilten Werten abweichen.

BEISPIEL 5

Wie groß ist die Wahrscheinlichkeit bzw. der Erwartungswert der relativen Häufigkeit einer Serie von vier gleichen Plein-Zahlen, beispielsweise „3"-„3"-„3"-„3"?

Von den möglichen Lösungsansätzen zur Beantwortung dieser Frage werde eine ausgewählt:

Die Wahrscheinlichkeit, daß mit dem nächsten Coup „3" geworfen wird, ist $p=1/37$. Die Wahrscheinlichkeit, daß unmittelbar danach eine weitere „3" erscheint, ist ebenfalls p. Die Kombination „3"-„3" stellt eine UND-Verknüpfung von „3" UND „3" dar, denn es soll zunächst eine „3" erscheinen UND anschließend eine weitere „3". Infolgedessen ($\rightarrow$17, Gl. 3) ist die Wahrscheinlichkeit für das kombinierte Ereignis, also zwei Plein-Zahlen „3" hintereinander, $pp=p^2$. Die Wahrscheinlichkeit, daß anschließend wiederum eine „3" geworfen wird, ist p. Die Wahrscheinlichkeit der Kombination von drei Plein-Zahlen „3" hintereinander ist infolgedessen $p^2p=p^3$. Durch Assoziation einer weiteren „3" ergibt sich für die Wahrscheinlichkeit eines Vierlings von „3" $p^3p=p^4$.

Die Eingangsfrage soll jedoch so verstanden werden, daß der Vierling aus Plein-Zahlen „3" mit anderen Plein-Zahlen als „3" abgeschlossen wird, d.h. vor dem Vierling und nach dem Vierling werden von „3" abweichende Plein-Zahlen vorausgesetzt. Eine solche Serie bezeichnet man als solitär. Es ist also die Bedingung gestellt, daß die letzte Zahl vor der Serie und die unmittelbar auf die Serie folgende Zahl ungleich „3" sind. Die Wahrscheinlichkeit, daß nicht „3" erscheint, ist allgemein $1-p$ ($\rightarrow$16). Es werden also drei Zufallsereignisse UND-verknüpft, nämlich

- das Nichterscheinen von „3" mit der Wahrscheinlichkeit $1-p$,
- das Erscheinen eines Vierlings von „3" mit der Wahrscheinlichkeit p^4 und im Anschluß wiederum
- das Nichterscheinen von „3" mit der Wahrscheinlichkeit $1-p$.

Die Wahrscheinlichkeit einer solchen solitären Serie ist infolgedessen $p^4(1-p)^2 \simeq 5,05 \cdot 10^{-7}$. Ein solitärer Vierling kommt also im Durchschnitt innerhalb von jeweils $p^{-4}(1-p)^{-2} \simeq 2$ Millionen Coups einmal vor.

Da es 37 unterschiedliche Plein-Zahlen gibt, ist die Wahrscheinlichkeit irgendeiner solitären Serie aus vier Plein-Zahlen $1/p=37$mal größer. Infolgedessen ist die Wahrscheinlichkeit irgendeines solitären Vierlings $p^3(1-p)^2 \simeq 1,9\cdot10^{-5}$. Beliebige solitäre Vierlinge kommen deshalb im statistischen Durchschnitt einmal pro ca. 54000 Coups vor.

BEISPIEL 6

Ein Roulettespieler bespielt die Plein-Zahl „20". Er beabsichtigt auf dieser Plein-Zahl ein einfaches Paroli zu gewinnen, d.h. er möchte nach einem Treffer Einsatz und Gewinn auf „20" plazieren und mit diesem erhöhten Einsatz nochmal gewinnen. Seine Satzeinheit ist masse égale DM 10,–. Sein Spielkapital beträgt DM 10000,–. Ist die Wahrscheinlichkeit größer als 50%, daß sein Vorhaben gelingt?

Die Wahrscheinlichkeit des „Doppelschlages" ist die Wahrscheinlichkeit, daß eine Plein-Zahl „20" UND unmittelbar danach eine weitere „20" erscheint, also $p=1/37^2 \simeq$

0,073%. Die Wahrscheinlichkeit des Doppelschlages innerhalb von N=1000 Coups – also derjenigen Spielstrecke, die der Roulettespieler im vorliegenden Fall aufgrund seines Spielkapitals ohne Doppelschlagerfolg höchstens absolvieren kann, – ist $1-p(H=0)$, d.h. gleich der Wahrscheinlichkeit, daß mindestens einmal ($H\geq1$) ein Doppelschlag erfolgt. $p(H=0)$ ergibt sich aus der POISSON-Verteilung ($\to26$, Gl. 24). Es folgt mit $\lambda=Np=1000/37^2\simeq0,73$: $1-p(H=0) = 1-e^{-\lambda}\simeq51,8\%$. Die Chance des Spielers, ein Paroli zu gewinnen, ist also größer als 50%. Im absolut ungünstigsten Fall, jedoch unter der Voraussetzung, daß überhaupt ein Paroli gelingt, wäre dieser erst mit dem 1001-ten Coup erfolgreich abgeschlossen worden. Der Spieler hätte dann vorher 999 Satzeinheiten à DM 10,–, also insgesamt DM 9990,– verloren. Der verbleibende Gewinnüberschuß nach dem Doppelschlag würde in diesem Fall $36^2-1000=296$ Satzeinheiten, also DM 2960,– betragen.

Dieses Ergebnis legt die Schlußfolgerung nahe, daß sich eine derartige Spielmethodik generell auszahlen würde. Diese Interpretation des Ergebnisses ist jedoch falsch:

Das Rechenergebnis zeigt zunächst nur das, wonach gefragt war, daß nämlich die Wahrscheinlichkeit des Gelingens eines Parolis unter den gegebenen Voraussetzungen 51,8% ist. Immerhin impliziert dieser Sachverhalt, daß ein Spieler, der in der vorausgesetzten Weise vorgeht, mit einer Erfolgswahrscheinlichkeit von etwas mehr als 50% mit einem Gewinnüberschuß von mindestens DM 2960,– abschließen kann. Im Risikofall hätte er allerdings das gesamte Spielkapital von DM 10000,– verloren. Anders ist die Situation jedoch, wenn der Spieler permanent und ohne Spielkapitalbegrenzung eine solche Paroli-Strategie verfolgen würde. Die bei einer solchen Spielweise resultierende Verlustrate beträgt 5,19% ($\to83$, Tab. 19), d.h. der Spieler

würde im statistischen Durchschnitt mit jedem Coup 5,19% seines Einsatzes, also DM 0,52 verlieren.

BEISPIEL 7

Wie groß ist die Verlustrate, d.h. der durchschnittliche Spielverlust pro Coup eines Masse égale-Spielers, der Einfache Chancen mit einer Satzhöhe von DM 10,– pro Coup bespielt?

Der Spielverlust pro Coup stellt die zu untersuchende Zufallsgröße dar. Gefragt ist nach dem Erwartungswert ($\to18$, Gl. 6) dieser Zufallsgröße, denn dieser entspricht dem voraussichtlichen durchschnittlichen Spielverlust über eine lange Spielstrecke hinweg. Bei jedem Coup und Einsatz sind drei Möglichkeiten vorhanden:

a) Der bespielte Chancenteil wird ausgelost; die Nettogewinnauszahlung für den Spieler entspricht dem einfachen Einsatz.

b) Die Gegenchance wird ausgelost; der Spieler verliert seinen Einsatz.

c) Zero wird geworfen; der Einsatz gelangt ins erste Prison und ist nur noch ungefähr die Hälfte wert ($\to$Anhang B).

Die Wahrscheinlichkeit für Fall a und b ist jeweils 18/37, da ein Teil einer Einfachen Chance 18 Plein-Zahlen umfaßt. Die Wahrscheinlichkeit von Zero entspricht der Wahrscheinlichkeit jeder Plein-Zahl und ist 1/37. Die Verteilungstabelle ($\to18$) der Zufallsgröße „Gewinn pro Coup" G ist infolgedessen:

G:	+DM 10,–	–DM 10,–	–DM 5,–
	18/37	18/37	1/37

Gemäß Gl. (6) ist der Erwartungswert von G in DM also:

$$E\{G\} = \frac{180}{37} - \frac{180}{37} - \frac{5}{37} = -0,135.$$

Im statistischen Durchschnitt wird der Masse égale-Spieler somit 1,35% jedes Einsatzes, also ungefähr DM 0,14 pro Coup verlieren. Eine entsprechende Rechnung für die höheren Chancen würde demgegenüber eine Verlustrate von einheitlich 2,7%, also das Doppelte ergeben. Dieser grundsätzliche und wichtige Sachverhalt wird erstaunlicherweise in vielen Publikationen über Roulette, so auch in [3], unterschlagen. Dauerspieler und sporadische Spieler, die das Risiko scheuen, sind also gut beraten, wenn sie sich auf das Bespielen von Einfachen Chancen beschränken.

Der Rouletteapparat als Zufallszahlengenerator

Im vorliegenden Kapitel soll auf einen prinzipiellen Sachverhalt eingegangen werden, der dem Leser zwar als ganz offenkundig und deshalb indiskutabel erscheinen mag, über den jedoch in Roulettespielerkreisen und bei vielen Rouletteliteratur-Autoren große Konfusion herrscht. Es handelt sich um die Tatsache, daß der Rouletteapparat mit der rotierenden Zahlenscheibe und der hineinfallenden Elfenbeinkugel völlig zufällige und voneinander unabhängige Gewinnzahlen oder „Nummern" erzeugt. Wohlgemerkt, es geht um staatlich konzessionierte Spielbanken, die behördlichen Kontrollen unterliegen. Die Möglichkeit manipulierter oder fehlerhafter Rouletteapparate kann dabei ausgeschlossen werden, auch wenn hin und wieder von betrügerischen Manipulationsversuchen insbesondere an den Stegen von Roulettekesseln berichtet wird.

Die mechanische Konstruktion und Präzision des Rouletteapparates und das Prinzip der nach vielen Umläufen gegen die rotierende Zahlenscheibe in eines der gleichmäßig ausgebildeten 37 Nummernfächer fallenden Roulettekugel bewirken, daß die Wahrscheinlichkeit der Auslosung für jede der 37 Zahlen gleich groß ist. Ferner gibt es keinen rationalen Grund für die Annahme, daß – allgemein oder situationsweise – geworfene Zahlen die folgenden in irgendeiner Weise beeinflussen oder sogar bestimmen. So trivial diese Feststellungen auch erscheinen mögen, sie entsprechen nicht dem allgemeinen Erkenntnisstand unter Roulettespielern und

-autoren. Im Gegenteil, in jeder Spielbank befindet sich ein großer Teil des spielenden Publikums ständig auf der Suche nach bevorzugten Zahlen, sogenannten Favoriten, bevorzugten Diskussektoren, wiederkehrenden Sequenzen usw. Diese Favoritenspieler glauben durch Nachsetzen auf diese Chancen im Sinne des vorangegangenen Spielverlaufs ihre Gewinnchancen zur erhöhen. Doch diese Annahme ist ein Irrtum. Merkwürdig ist die Hartnäckigkeit, mit der diese Spieler an ihrer Methode festhalten, ohne sich durch die insgesamt ausbleibenden Erfolge eines Besseren belehren zu lassen.

Die Verhaltensweise dieser Spieler ist auf eine bestimmte, bei allen Menschen vorhandene mentale Disposition zurückzuführen. Menschen reagieren stets besonders aufmerksam auf größere Abweichungen vom sogenannten „Normalen", dem statistischen Durchschnitt. Solche Abweichungen können beispielsweise außergewöhnliche oder seltene Ereignisse sein. In einem an und für sich völlig regellosen und ungeordneten Zufallsprozeß stellen sporadisch auftretende Konstellationen, die eine irgendwie geartete Regelmäßigkeit aufweisen, derartige Abweichungen oder Ausnahmen dar. Der Beobachter vermeint in diesen Konstellationen letztlich doch eine Art von Kausalitäts- oder Überkausalitätsprinzip zu entdecken. Derartige Ausnahmekonstellationen sind beim Roulette beispielsweise längere Folgen gleicher Zahlen oder Chancenteile. Die Wahrscheinlichkeitstheorie schließt solche Konstellationen keineswegs aus, sondern ermöglicht über sie exakte Wahrscheinlichkeitsangaben, die den Erwartungswert der Häufigkeit solcher Konstellationen festlegen. Natürlich, auch der hierüber Informierte ist einigermaßen frappiert, wenn beispielsweise ein Zero-Vierling

0 0 0 0

auftritt, aber er weiß, daß die Erwartungshäufigkeit jeder anderen Folge von vier vorgegebenen Zahlen (→38ff.), beispielsweise

3 0 15 20

genauso groß ist. Er wird also in diese Begebenheit nicht das geheimnisvolle Walten unbekannter physikalischer Kräfte hineininterpretieren wollen. Insbesondere wird er sich nicht – im Gegensatz zu jenen „Favoritenjägern" – zwanghaft bemüßigt fühlen, diese Begebenheit als Trendindikation zu werten und nun mit großer Intensität die Zero und ihre Nachbarn setzen.

Die besondere Wirkung von Koinzidenzen oder Serien außergewöhnlich erscheinender Zufallsereignisse ist, wie erwähnt, nicht nur auf Roulettespieler beschränkt. Allgemein herrscht wohl der Glaube, daß außergewöhnliche Ereignisse meistens gleichzeitig oder in Serie auftreten. Man spricht dann beispielsweise von der „Duplizität der Ereignisse" oder dem „Gesetz der Serie". Im Volksmund heißt es: „Ein Unglück kommt selten allein". Der Spieler, der eine „Pechsträhne" hat, versteht hierunter offenbar eine zwanghafte Situation, die ihn daran hindert, zu gewinnen.

Selbst ernsthafte Wissenschaftler wie der Atomphysiker Wolfgang Pauli haben sich mit dem Phänomen von Häufungen gleicher oder ähnlicher Ereignisse, die jedoch nicht kausal miteinander verbunden sind, auseinandergesetzt [11]. Es wurde der Begriff „Synchronizi-

tät" für zeitlich oder räumlich koinzidierende und „Serialität" für seriell sich wiederholende Ereignisse eingeführt. Man glaubte, in diesen Häufungen ähnlicher Ereignisse die Manifestation eines universalen Naturprinzips zu entdecken, das vom physikalischen Kausalitätsprinzip unabhängig ist.

Doch diese Theorien blieben spekulativ und unbewiesen. Immerhin sei jedoch vermerkt, daß jene Roulettespieler, die in gewissen Trends und Häufungen ähnlicher Zufallsereignisse – die, wie erwähnt, durch die Wahrscheinlichkeitstheorie keineswegs ausgeschlossen, sondern sogar in der zu erwartenden Häufigkeit bestimmbar sind – mehr als den bloßen Zufall erblicken, sich nicht in ausschließlich schlechter Gesellschaft befinden. Doch es sei ganz klargestellt, das Zufallsgeschehen beim Roulette weist keinerlei Besonderheiten auf, die der Wahrscheinlichkeitstheorie entgegenstünden. Auch wenn ein Spieler zwanzigmal oder mehr die zuletzt gefallene Einfache Chance nachsetzt und jedesmal verliert, da zwanzigmal und mehr jeweils der andere Chancenteil kommt, so ist auf seinen Ausruf „es kann doch nicht wahr sein" zu antworten: „Doch, es kann durchaus wahr sein.": Fast nichts ist in einem Zufallsprozeß unmöglich. Es bleibt nichts weiter übrig, als diesem Spieler ein persönliches Bedauern auszusprechen.

Im Zusammenhang mit dem Begriff „Synchronizität" wurden koinzidierende Ereignisse erwähnt. Koinzidenzen im engeren Sinne, also gleichzeitig eintretende Ereignisse, kommen beim Roulette vor, wenn an zwei oder mehreren Spieltischen gleichzeitig oder nahezu gleichzeitig Gewinnzahlen fallen. Es gibt Roulettespieler, die sich auf mehrere Spieltische konzentrieren und darauf spekulieren, daß an diesen Tischen zu etwa gleichen Zeiten mit einer gewissen statistischen Signifikanz überdurchschnittlich häufig gleiche Zahlen fallen. Auch diese Spieler irren sich: Dem sogenannten Ergodensatz der Stochastik entsprechend besteht kein Unterschied in der Wahrscheinlichkeit einer vorgegebenen Kombination unabhängiger Ereignisse innerhalb eines einzelnen stationären Zufallsprozesses und der Koinzidenz entsprechender Ereignisse bei zwei gleichartigen Zufallsprozessen. Also auch diese auf Koinzidenzen ausgehenden Spieler erhöhen nicht ihre Gewinnaussichten. Ihre körperlich besonders anstrengende Spielweise, bedingt durch das ruhelose von-Tisch-zu-Tisch-Wandern, zahlt sich keineswegs aus.

Bisher wurden solche Spielweisen erörtert, die man als „Mitgehen mit der Bank" bezeichnet. Es gibt eine andere Strategie unter Roulettespielern, die man als „Gegen die Bank Spielen" bezeichnet. Dies bedeutet beispielsweise, daß ein Spieler, der sich auf Einfache Chancen wie Pair oder Impair konzentriert, jeweils den anderen als den zuletzt geworfenen Chancenteil setzt. Es ist jedoch offenkundig, daß die Wahrscheinlichkeit von Pair, die ja eine Konstante darstellt, nicht dadurch größer geworden ist, daß zuletzt eine Impair-Zahl geworfen wurde. Auch diese Spielweise bietet also keine Vorteile. In gewissermaßen abgeschwächter Form spielt jemand auch „gegen die Bank", der beispielsweise eine lange Folge von geraden Zahlen abwartet, um dann Impair zu setzen. Er meint, daß es nach so vielen geraden Zahlen nun doch sehr wahrscheinlich geworden sei, daß eine ungerade Zahl komme. Auch dieser Spieler befindet sich in dem grundsätzlichen Irrtum, die Wahrscheinlichkeit der Zufallsereignisse sei zeit- oder situationsabhängig, worin er noch durch die in der Rouletteliteratur herumgeisternde Mär über „Spannungen" und „Ausgleichstendenzen" (→ 50, 51) bestärkt wird.

Man erkennt, daß diese irrige Vorstellung überhaupt das Kardinalproblem bei diesen Spielern ist, die „mit oder gegen die Bank" spielen. Es sei deshalb ganz eindeutig konstatiert:

Die Folge geworfener Gewinnzahlen beim Roulette stellt einen sogenannten stationären Zufallsprozeß unabhängiger Einzelereignisse dar, in dem definitionsgemäß die Wahrscheinlichkeit eines jeden Ereignisses weder zeit- noch situationsabhängig, sondern eine Konstante ist.

Aus diesem Grunde ist es völlig gleichgültig, auf welche Zahl man setzt, wenn man Plein spielt, oder auf welchen Chancenteil man setzt, wenn man Einfache Chancen bespielt. Es ist also auch völlig müßig, die jeweilige Vorgeschichte zu ventilieren oder sich darauf zu konzentrieren, auf welche Zahl man setzen will, wenn man sich schon für Plein entschieden hat. Man tut es einfach. Weder Intuitions- noch Präkognitionsversuche, weder Konzentrationsübungen noch Mit-der-Bank- oder Gegen-die-Bank-Strategien bestimmen den Gang der Dinge und entscheiden über Gewinn oder Verlust. Es ist der Zufall, der regiert. Der Spieler ist ihm immer wieder bei jedem Coup ausgeliefert. Hat er Pech, verliert er mit diesem Coup. Hat er Glück, so gewinnt er mit diesem Coup. Hat sich der Spieler für eine bestimmte Chance entschieden, so bestimmen langfristig nur noch folgende Parameter seine Gewinn- oder Verlustaussichten:

1. Die Art der gewählten Chance,
2. die Anzahl der getätigten Sätze,
3. die Höhe der einzelnen Sätze, die im Prinzip konstant gehalten oder variiert werden kann.

Sicherlich wirken diese Feststellungen recht desillusionierend auf manch einen Leser, auf den Roulette eine gewisse Faszination ausübt. Diese Faszination mag zu einem wesentlichen Teil auf der Annahme beruhen, die persönlichen Gewinnaussichten für jeden einzelnen Coup durch ein hohes Maß an Konzentration und Engagement im positiven Sinne beeinflussen zu können. Dies ist jedoch eine Illusion. Die ganze Anstrengung und Konzentration für den einzelnen Coup ist irrelevant und nutzlos. Gewinn oder Verlust bestimmt der reine Zufall. Hat sich die Anstrengung ausgezahlt, so ist auch dieses reiner Zufall:

Der Rouletteapparat kann als Zufallszahlengenerator aufgefaßt werden, der zufällige Zahlenwerte aus einem Kollektiv von 37 möglichen Werten erzeugt. Die Wahrscheinlichkeit für jeden dieser Zahlenwerte ist gleich groß, nämlich 1/37. Dies liegt darin begründet, daß die Roulettekugel – bedingt durch Konstruktion und Präzision des Rouletteapparates – gewissermaßen kein Nummernfach der Zahlenscheibe bevorzugt und somit das Hineinfallen der Kugel für jedes Nummernfach gleichwahrscheinlich ist. Dies bedeutet auch, daß es im Grunde genommen gleichgültig ist, in welcher Reihenfolge die 37 Fächer der Zahlenscheibe numeriert sind. Eine normale numerische Reihenfolge 0,1,2,...,36 wäre also beispielsweise gleichermaßen möglich wie die spezielle Roulette-Numerierung und würde nichts an der Wirkungsweise des Rouletteapparates als Zufallszahlengenerator ändern. Weder die gleichmäßige Verteilung der Zufallszahlen noch die Gewinnerwartungen der Spielbank und die Gewinn- oder Verlustperspektiven der Spieler würden in irgendeiner Weise davon berührt. Die Gleichwahrscheinlichkeit aller Zahlen führt natürlich auch jene vielfältigen in der Rouletteliteratur herumgeisternden und immer wieder warmherzig empfohlenen Marschstrategien (→52) ad absurdum.

Jenem Spielbankbesucher, der das erstemal eine Spielbank betreten hat, dann nach reiflicher Überlegung und mit hochrotem Kopf eine der 37 Zahlen der Plein-Chance gesetzt hat und gewinnt, sei zu seinem Erfolg gratuliert. Er möge getrost bei seinem Glauben bleiben, seine Intuition habe ihm zu seinem Erfolg verholfen. Jenen Spielern aber, die einen großen Teil ihrer Freizeit in Spielbanken verbringen, um das Glück zu versuchen, sei dringend geraten, sich nicht solchem Aberglauben hinzugeben. Das Zufallsgeschehen beim Roulette ist Zufallsgeschehen im vollen Sinne dieses Begriffes, der gegebenen Definitionen und der erläuterten Zusammenhänge. Der menschliche Geist nimmt weder Einfluß auf dieses Geschehen noch ist er fähig zu antizipieren, was es als nächste Überraschung mit sich bringt. Sichere Aussagen können nur über langfristige Mittelwerte in Form von Erwartungswerten gemacht werden. Dieses ermöglicht die Wahrscheinlichkeitsrechnung.

Zufallskennwerte der einzelnen Roulettechancen

Im folgenden sollen die Wahrscheinlichkeitswerte, die Erwartungswerte der absoluten Häufigkeit und die Standardabweichungen von diesen Erwartungswerten für die einzelnen Roulettechancen ermittelt werden. Bezugsgröße für die Häufigkeitsangaben ist die jeweils erfaßte Anzahl N von Coups. Diese Anzahl entspricht – in Abhängigkeit von der analytischen Zielsetzung – entweder der erfaßten Gesamtzahl der in Permanenz mit dem Rouletteapparat ausgelosten Zahlen oder der Anzahl von Coups, für welche der Spieler einen Einsatz auf die betrachtete Chance getätigt hat.

Primäre Zufallsgröße des Roulettes ist eine dimensionslose Zahl, deren mögliche Werte, die den Chancenteilen der Plein-Chance entsprechen, alle ganze Zahlen von 0 bis 36 sind. Die $n=37$ Ereignisse x_i, die diesen Werten der Zufallsgröße zugeordnet werden können, bilden ein vollständiges System von Ereignissen ($\rightarrow$15). Die Wahrscheinlichkeitsverteilung dieser Ereignisse ist gleichmäßig oder uniform, d.h. die Wahrscheinlichkeit für jedes Ereignis x_i, also für jede Plein-Zahl, ist

$$p(x_i) = 1/37.$$

Alle anderen Chancen des Roulettes sind Kombinationen von Plein-Zahlen. Die einzelnen Chancenteile umfassen – allgemein ausgedrückt – jeweils c Plein-Zahlen. c wird im folgenden auch als

Chancengröße

bezeichnet und entspricht der Anzahl der vom Chancenteil belegten Zahlenfelder auf dem Tableau. Innerhalb einer Chancenart ist für alle Chancenteile c gleich groß. Für Carré beispielsweise ist $c=4$. Für die Einfachen Chancen ist $c=18$. Die Wahrscheinlichkeit p eines vorgegebenen Chancenteils gleicht der Wahrscheinlichkeit, daß irgendeines von c vorgegebenen Plein-Ereignissen eintritt.

p stellt also die Wahrscheinlichkeit eines Ereignisses dar, das sich aus der ODER-Verknüpfung von c gleichwahrscheinlichen Plein-Ereignissen x_i ergibt. Infolgedessen ($\rightarrow$16, 17) ist

$$p = cp(x_i) = c/37.$$

Diese Beziehung schließt mit $p=1/37$ für $c=1$ die Wahrscheinlichkeit einer vorgegebenen Plein-Zahl ein. p entspricht dem Erwartungswert der relativen Häufigkeit eines vorgegebenen Chancenteils ($\rightarrow$20, Gl. 11). Der Erwartungswert der absoluten Häufigkeit ($\rightarrow$19, Gl. 10) ist

$$E\{H\} = Np.$$

Die Standardabweichung von dieser absoluten Häufigkeit ($\rightarrow$ 20, Gl. 12) ist

$$\sigma = \sqrt{Np(1-p)}.$$

H kann für ausreichend große N als quasinormalverteilt ($\rightarrow$22ff.) aufgefaßt werden. Nach der 3σ-Regel ($\rightarrow$25) ist es dann mit einer Wahrscheinlichkeit von 99,73% nahezu sicher, daß die Häufigkeit eines Chancenteils in das Intervall

$$E\{H\}-3\sigma = Np - 3\sqrt{Np(1-p)} \text{ bis}$$
$$E\{H\}+3\sigma = Np + 3\sqrt{Np(1-p)} \text{ fällt.}$$

In Tabelle 4 sind für die verschiedenen Chancen die Werte der Chancengröße c, die Wahrscheinlichkeit p der einzelnen Chancenteile sowie die Erwartungswerte der absoluten Häufigkeit E{H} und deren 3σ-Werte für $N=10^3$, 10^4 und 10^5 aufgeführt. Die Häufigkeitswerte sind geradzahlig aufgerundet.

Tabelle 4

Chance	c	p	Np			3σ		
			$N=10^3$	10^4	10^5	$N=10^3$	10^4	10^5
Plein	1	$0,\overline{027}$	27	270	2703	15	49	154
Cheval	2	$0,\overline{054}$	54	541	5405	21	68	215
Transv. Pleine	3	$0,\overline{081}$	81	811	8108	26	82	259
Carré	4	$0,\overline{108}$	108	1081	10811	29	93	295
Transv. Simple	6	$0,\overline{162}$	162	1622	16216	35	111	350
Kol., Dtzd.	12	$0,\overline{324}$	324	3243	32432	44	140	444
Einf. Chancen	18	$0,\overline{486}$	486	4865	48649	47	150	474

Aus den Werten der Tabelle geht beispielsweise hervor, daß bei einer Einfachen Chance nach 1000 geworfenen Zahlen eine Häufigkeitsabweichung von 47 gegenüber dem Erwartungswert von 486 noch gerade im 3σ-Vertrauensbereich liegt. In diesem Fall hätten bei der Farbchance beispielsweise 486−47=439 schwarze Zahlen fallen können. Die Differenz von 1000−439=561 würde sich dann aus der absoluten Häufigkeit von roten Zahlen und Zero zusammensetzen. Da der 3σ-Streubereich der Häufigkeit von Zero gemäß Tabelle 27−15=12 bis 27+15=42 ist, würde die Häufigkeit roter Zahlen zwischen 561−42=519 und 561−12=549 liegen. Zusammenfassend ergeben sich für die betrachtete Grenzsituation also folgende Häufigkeiten:

439   für Schwarz,
519...549   für Rot,
42...12   für Zero.

Man erkennt, daß der 3σ-Streubereich der relativen Häufigkeiten für N=1000 noch beträchtlich ist. Im betrachteten Fall ist 3σ/N=4,7% für die Einfachen Chancen. Da sich σ proportional zu $\sqrt{N}$ verhält, verringert sich die Streuung der relativen Häufigkeit stetig mit wachsendem N. Für $N=10^4$ beispielsweise ist 3σ/N=1,5%, für $N=10^5$ ist 3σ/N=0,47%. Dieser Sachverhalt entspricht dem auf die relative Häufigkeit als Mittelwert angewandten Gesetz der großen Zahlen (→18):

Die Wahrscheinlichkeit dafür, daß sich die relative Häufigkeit h(x) des Ereignisses x von dem Erwartungswert p(x) um einen beliebig kleinen Wert ε>0 unterscheidet, konvergiert mit wachsendem N gegen null, also

$$\lim_{N\to\infty} p(|h(x)-p(x)|>\varepsilon) = 0.$$

Im Gegensatz zur Streuung der relativen Häufigkeit vergrößert sich die mögliche Streuung der absoluten Häufigkeit mit wachsendem N stetig. Bleibt über eine gegebene Spielstrecke N ein Chancenteil in der Häufigkeit hinter den anderen Chancenteilen zurück, so entsteht keinesfalls die in der Rouletteliteratur häufig zitierte „Spannung", die eine „Ausgleichstendenz" der Häufigkeiten (→50, 51) bewirkt. Eine solche Spannung existiert weder im physikalischen noch im wahrscheinlichkeitstheoretischen Sinne. Die Roulettekugel hat keinerlei Gedächtnis für die von ihr erzeugten Zufallsereignisse. Der Grundsatz der Unabhängigkeit und Akausalität dieser Ereignisse bleibt in jeder Situation gewahrt.

Um die ermittelten Werte der Häufigkeiten und ihrer Streubereiche mit einem praktischen Ergebnis zu vergleichen, wurden die vom Spielcasino Travemünde am 15.5, 16.5. und 17.5.1976 für Tisch I protokollierten Permanenzen ausgewertet. Die Summe der geworfenen Zahlen für diese drei Tage betrug $N=1004$, so daß die in den Spalten $N=10^3$ von Tabelle 4 aufgeführten Werte zum Vergleich herangezogen werden können. Im folgenden sind die Extremwerte H_{min} und H_{max} der Summenhäufigkeiten einiger Chancenteile den aus Tabelle 4 resultierenden 3σ-Berei-

Chancenteile	$H_{min}...H_{max}$	$Np-3\sigma...Np+3\sigma$
Plein	19... 38	12... 42
Transv. Pleine	70...102	55...107
Transv. Simple	139...177	129...197
Kol., Dutzend	312...344	280...368
Einf. Chancen	463...517	439...533

chen $Np-3\sigma...Np+3\sigma$ der theoretischen Häufigkeiten gegenübergestellt.

Offensichtlich sind von keinem Teil der ausgewerteten Chancen die 3σ-Grenzen der Häufigkeit überschritten worden. Nichtsdestoweniger muß jedoch darauf hingewiesen werden, daß – generell betrachtet – für die Einhaltung der 3σ-Grenzen keine absolute Gewähr gegeben ist. Die Wahrscheinlichkeit ist mit 99,73% (→25) lediglich sehr groß, daß diese Grenzen eingehalten werden. Infolgedessen ist nur in einem von ungefähr 370 Fällen mit einer Überschreitung dieser Grenzen zu rechnen.

Sequenzen und Serien

Fallen an einem Spieltisch nacheinander gleiche Zahlen, so ist die im Publikum entstehende Aufregung groß und stereotype „Nachsetzer", die nahezu an jedem Spieltisch anzutreffen sind, pflegen in nicht überhörbaren Jubel auszubrechen. Das Maß der allgemeinen Aufregung wird sich hierbei proportional zur Anzahl von Wiederholungen der jeweiligen Plein-Zahl verhalten. – Solche Folgen gleicher Plein-Zahlen oder – allgemeiner – Chancenteile werden als Serien bezeichnet. Auf die psychische Disposition des spielenden Publikums gegenüber solchen Serien wurde im Kapitel „Der Rouletteapparat als Zufallszahlengenerator" kurz eingegangen. In diesem Zusammenhang wurde bereits darauf hingewiesen, daß die Wahrscheinlichkeit einer Serie vorgegebener gleicher Zahlen, z.B.

0 0 0 0

sich keineswegs von der Wahrscheinlichkeit irgendeiner anderen vorgegebenen Zahlenfolge gleicher Länge, z.B.

3 0 15 20

unterscheidet. Insofern besteht also eigentlich kein rationaler Grund beim Auftreten einer gleichmäßigen Serie besonders beeindruckt zu sein. Sie hat als Folge vorgegebener Realisationen einer Chance keinen größeren oder geringeren Seltenheitswert als eine vorgegebene unregelmäßig wirkende Folge gleicher Länge.

Diese Zusammenhänge sollen im folgenden verdeutlicht werden. Es wird auf die Wahrscheinlichkeit und Häufigkeit solcher Sequenzen und Serien näher eingegangen. Für diese Zufallskennwerte werden allgemeine Beziehungen entwickelt und hinsichtlich einiger Roulettechancen quantifiziert.

Um Irritationen beim Leser zu vermeiden, ist es erforderlich, zunächst einige Begriffsdefinitionen durchzuführen. Unter einer

Sequenz

soll im folgenden eine Folge von s vorgegebenen Realisationen einer Chance verstanden werden. Eine vorgegebene Folge der Plein-Zahlen, z.B.

3 20 17 18

stellt in diesem Sinne eine Sequenz von s=4 Realisationen der Plein-Chance dar. s werde auch als

Länge der Sequenz

bezeichnet. Eine Sequenz der Farbchance kann beispielsweise mit R für Rot und S für Schwarz

S R R S R S

sein. Die Länge dieser Sequenz ist s=6. Unter einer

Serie

soll eine regelmäßig geartete Sequenz von Realisationen einer Chance verstanden werden, z.B.

R R R R R.

Die Serienlänge ist in diesem Fall s=5. Eine andere regelmäßig geartete Sequenz ist die sogenannte

Intermittenz

z.B.

R S R S R S

oder

3 1 3 1.

Es lassen sich natürlich beliebig viele andere Arten „regelmäßiger" Sequenzen konstruieren, z.B.

R R S S R R S S

oder

R R R S R R R S R R R S.

Wichtig für die wahrscheinlichkeitstheoretischen Betrachtungen sind jedoch lediglich folgende Punkte:

- Die Länge s der Sequenz.
- Sind die s Realisationen im einzelnen genau vorgegeben oder wird eine allgemeinere Voraussetzung gemacht? Wird im Fall einer Plein-Serie also beispielsweise lediglich vorausgesetzt, daß alle s Zahlen identisch sind, oder ist auch die sich wiederholende Zahl selbst vorgegeben?
- Werden Voraussetzungen bezüglich der letzten Realisation der Chance vor der Sequenz oder der nächsten Realisation nach der Sequenz gemacht?

Die letzte Fragestellung führt zu weiteren Definitionen. Sind die vorangegangene und die nachfolgende Realisation beliebig, so handelt es sich um eine sogenannte

soziable Sequenz oder Serie.

Eine soziable Sequenz ist also beidseitig beliebig abgeschlossen. Eine soziable Serie der Plein-Zahl x kann mit beliebigen Plein-Zahlen einschließlich x abgeschlossen sein. Dies bedeutet, daß die jeweils definierte Länge s die Mindestlänge einer solchen soziablen Serie

darstellt. Die Wahrscheinlichkeit einer soziablen Serie der Länge s ist also die Wahrscheinlichkeit für eine Serie mindestens dieser Länge oder, was gleichbedeutend ist, die Summe der Wahrscheinlichkeiten für Serien der definierten Längen s, s+1, s+2, usw. Serien definierter Länge werden als

solitäre Serien

bezeichnet. Eine solitäre Serie der Farbchance Rot ist beidseitig mit Nicht-Rot, d.h. Schwarz oder Zero abgeschlossen, z.B. für s=4:

S R R R R 0.

Zur Präzisierung kann diese Art solitärer Serien auch als

solitäre Serie zweiter Ordnung

bezeichnet werden, denn es besteht ja auch die Möglichkeit, nur eine Voraussetzung über die letzte Realisation der Chance vor der Serie oder die nächste Realisation der Chance nach der Serie zu machen. Beide Arten von Serien seien als

solitäre Serien erster Ordnung

bezeichnet.

Zur Verdeutlichung der gegebenen Definitionen werde auf die statistische Häufigkeitsauswertung von Serien in Permanenzen eingegangen. Der Einfachheit halber werde eine hypothetische Chance mit den beiden Realisationsmöglichkeiten x und y betrachtet. Ein Permanenzsegment dieser Chance habe folgendes Aussehen:

	Nr.	1	2	3	4	5	6
Realisation							
	Art	y	x	x	x	x	y

Sollen Häufigkeiten von Serien der Realisationsart x in dieser Permanenz ermittelt werden, so ergibt sich folgendes: Die Häufigkeit soziabler Serien der Länge s=2 ist H(s=2)=3. Soziable Serien dieser Länge werden durch die Realisationen Nr. 2-3, 3-4 und 4-5 gebildet. Soziable Serien der Länge s=3 treten H(s=3)=2-mal auf und werden durch die Realisationen Nr. 2-3-4 und 3-4-5 gebildet. Die Häufigkeit soziabler Serien der Länge s=4 ist H(s=4)=1. Es fällt auf, daß für s=2 und s=3 die Abzählweise der soziablen Serien überlappend erfolgt. Diese soziablen Serien sind gewissermaßen ineinander *verschachtelt*. Alternativ besteht die Möglichkeit, nur *exklusive* Serien abzuzählen. Für s=2 existieren nur zwei solcher Serien, nämlich Realisation Nr. 2-3 und 4-5. Für s=3 existiert nur eine exklusive soziable Serie, nämlich entweder Realisation Nr. 2-3-4 oder 3-4-5. Es ist also offenkundig, daß auch die Wahrscheinlichkeiten soziabler Serien vorgegebener Länge davon abhängen, ob verschachtelte oder exklusive Serien vorausgesetzt werden.

Einfacher gestaltet sich das Abzählproblem bei solitären Serien. Im gegebenen Beispiel existiert nur jeweils eine solitäre Serie erster Ordnung von x der Länge s=2,3 oder 4. Solitäre Serien zweiter Ordnung der Länge s=2 oder 3 kommen gar nicht vor. Es existiert lediglich eine solitäre Serie zweiter Ordnung der Länge s=4.

Bei aufeinanderfolgenden solitären Serien zweiter Ordnung von x werden die $\bar{x}$-Ereignisse an den Schnittstellen überlappend gewertet. In der Sequenz

Nr. 1 2 3 4 5 6 7 8

Realisation

Art y x x y x x x y

kommt jeweils eine solitäre Zweier-Serie, nämlich Realisation Nr. 2-3, und eine Dreier-Serie, nämlich Realisation Nr. 5-6-7, vor. $y=\bar{x}$-Realisation Nr. 4 wird also beiden Serien zugeordnet.

Es werde nun auf die Wahrscheinlichkeit vorgegebener Sequenzen und Serien eingegangen. Definitionsgemäß soll unter einer Sequenz eine Folge von s vorgegebenen Realisationen einer Chance verstanden werden. Die Wahrscheinlichkeit der einzelnen Realisation sei p. Innerhalb der gleichen Chancenart haben somit alle Chancenteile die gleiche Realisationswahrscheinlichkeit p. Insofern ist es wahrscheinlichkeitstheoretisch auch unerheblich, ob die Realisationen wie im Fall einer Serie identisch oder im Fall einer „unregelmäßigen" Sequenz unterschiedlich sind. Dieser vorgegebenen gleichwahrscheinlichen Realisationen können deshalb für eine Wahrscheinlichkeitsanalyse mit dem gemeinsamen Buchstaben x bezeichnet werden. Es gilt p=p(x). Die Wahrscheinlichkeit p(s) einer Serie von s unabhängigen Ereignissen x, z. B.

x x x x x (s=5)

ist die Wahrscheinlichkeit von s und-verknüpften Ereignissen und entspricht somit (→17, Gl. 3) dem Produkt der Einzelwahrscheinlichkeiten, also

$$p(s) = p^s$$

Dies ist die Wahrscheinlichkeit vorgegebener verschachtelter soziabler Sequenzen oder Serien der Länge s.

Im Fall einer solitären Serie erster Ordnung von x, z.B.

x x x y (s=3)

ist die Und-Bedingung gestellt, daß eine x-Serie der Länge s mit einem Nicht-x-Ereignis $\bar{x}$ = Y verknüpft ist, dessen Wahrscheinlichkeit p($\bar{x}$)=p(y)=1−p ist. Infolgedessen gleicht die Wahrscheinlichkeit einer vorgegebenen solitären Sequenz oder Serie erster Ordnung dem Produkt aus s Einzelwahrscheinlichkeiten p und einer Einzelwahrscheinlichkeit $1-p$, also

$$p(s) = p^s(1-p)$$

Eine solitäre Serie zweiter Ordnung, z.B.

y x x x x y (s=4)

ist mit zwei y-Ereignissen und-verknüpft, infolgedessen ist

$$p(s) = p^s(1-p)^2$$

die Wahrscheinlichkeit einer vorgegebenen solitären Sequenz oder Serie zweiter Ordnung der Länge s.

Hinsichtlich exklusiver soziabler Serien gestaltet sich die Wahrscheinlichkeitsanalyse etwas schwieriger. Für die Häufigkeit H(s=2) exklusiver soziabler Serien der Länge s=2 in solitären Serien zweiter Ordnung der Länge s ergeben sich beispielsweise folgende Korrespondenzen:

s	H(s=2)
2	1
3	1
4	2
5	2
6	3
7	3
8	4
9	4
⋮	⋮

Infolgedessen ist die Wahrscheinlichkeit exklusiver soziabler Serien der Länge s=2:

$$
\begin{aligned}
p(s=2) &= (1-p)^2p^2(1+p+2p^2+2p^3+3p^4+3p^5+4p^6+4p^7+...) \\
&= (1-p)^2p^2(1+p+\ p^2+\ p^3+\ p^4+\ p^5+\ p^6+\ p^7+... \\
&\quad\quad\quad\quad +p^2+\ p^3+\ p^4+\ p^5+\ p^6+\ p^7+... \\
&\quad\quad\quad\quad\quad\quad\quad +p^4+\ p^5+\ p^6+\ p^7+... \\
&\quad\quad\quad\quad\quad\quad\quad\quad\quad\quad\quad\quad +...) \\
&= (1-p)p^2(1+p^2+p^4+p^6+...) \\
&= (1-p)p^2/(1-p^2).
\end{aligned}
$$

Für diese Entwicklung wurde die Formel

$$\lim_{n\to\infty} 1+p+p^2+...+p^n = \frac{1}{1-p}$$

für geometrische Reihen mit p<1 und unendlich vielen Gliedern berücksichtigt. In entsprechender Weise können die Wahrscheinlichkeiten für Serien größerer Länge entwickelt werden, und es ergibt sich

$$p(s) = \frac{(1-p)p^s}{1-p^s}$$

als allgemeine Formel für die Wahrscheinlichkeit exklusiver soziabler Serien der Länge s. Für große Werte von s gleicht diese Wahrscheinlichkeit annähernd der Wahrscheinlichkeit $(1-p)p^s$ solitärer Serien erster Ordnung.

Der Erwartungswert der absoluten Häufigkeit von vorgegebenen Sequenzen oder Serien der Wahrscheinlichkeit p(s) innerhalb von N Realisation der Zufallsgröße (→ 20, Gl. 10) ist unter der Voraussetzung N≫s:

$$E\{H(s)\} = p(s)N.$$

Die Standardabweichung von H(s) (→20, Gl. 12) ist:

$$\sigma = \sqrt{Np(s)(1-p(s))}.$$

Der Erwartungswert der mittleren Distanz N_d zwischen zwei Sequenzen, also die mittlere Anzahl von Realisationen der Zufallsgröße zwischen dem Anfang einer Sequenz und der zweiten Realisation der Zufallsgröße in der folgenden Sequenz ist

$$E\{N_d\} = 1/p(s).$$

In den angegebenen Formeln für p(s) kann je nach Fragestellung p die Wahrscheinlichkeit eines vorgegebenen Chancenteils oder die Summenwahrscheinlichkeit der anderen Chancenteile darstellen. Im ersten Fall ist p=c/37 (→35), und es werden Sequenzen vorgegebener einzelner Chancenteile analysiert. Im zweiten Fall ist p=1−c/37 und es wird das sequentielle Ausbleiben vorgegebener Chancenteile analysiert. c stellt die Chancengröße dar, d.h. die Anzahl der durch den Chancenteil belegten Zahlenfelder. Der minimale Wert ist c=1 für die Plein-Chance. Der maximale Wert ist c=18 für die Einfachen Chancen.

Mit diesen Festlegungen können p(s), E{H(s)}, σ und E{N_d} für vorgegebene Sequenzen oder Serien quantifiziert werden. Da nicht beabsichtigt ist, ein umfassendes Zahlenwerk vorzulegen, und der Leser auf der Grundlage der angegebenen Formeln mit Hilfe eines einfachen Taschenrechners selbst in der Lage ist, ihn interessierende Werte zu ermitteln, sollen die in diesem Kapitel vorgelegten numerischen Werte auf einige exemplarische Sequenzen bzw. Serien beschränkt werden. In der Mehrzahl der Fälle ist der Roulettespieler an dem Auftreten von Sequenzen oder Serien vorgegebener Mindestlänge, d.h.

soziablen Sequenzen oder Serien interessiert. Dies ist beispielsweise beim Parolispiel (→82ff.) der Fall. Auch die Frage nach Wahrscheinlichkeit und Häufigkeit des Ausbleibens eines Chancenteils ist häufig von Bedeutung. Dies gilt beispielsweise in besonderem Maße für die Martingale (→72ff). Diesbezüglich stehen im allgemeinen ebenfalls Serien gewisser Mindestlänge, die sich aus den nichtgesetzten Chancenteilen zusammensetzen, im Blickpunkt. Die folgenden Zahlenangaben beschränken sich deshalb auf verschachtelte soziable Sequenzen oder Serien.

Sequenzen oder Serien von Plein-Zahlen

Die Wahrscheinlichkeit einer vorgegebenen Plein-Zahl ist

$$p = 1/37.$$

Die Wahrscheinlichkeit einer verschachtelten soziablen Sequenz oder Serie von s vorgegebenen Plein-Zahlen ist infolgedessen

$$p(s) = 1/37^s.$$

In Tabelle 5 sind für Serienlängen von 1 bis 4

- die Wahrscheinlichkeit p(s),
- der Erwartungswert 1/p(s) der mittleren Distanz N_d zwischen aufeinanderfolgenden Sequenzen,
- der Erwartungswert Np(s) der absoluten Häufigkeit innerhalb von N Plein-Zahlen für N=10^4 und 10^6 und
- die dreifache Standardabweichung $3\sigma = 3\sqrt{Np(s)(1-p(s))}$ der absoluten Häufigkeit aufgeführt.

Tabelle 5

s	p(s)	N_d	$Np(s)$ $N=10^4$	$Np(s)$ $N=10^6$	3σ $N=10^4$	3σ $N=10^6$
1	0,$\overline{027}$	37	270,3	27027,0	48,6	486,5
2	0,000730460	1369	7,3	730,5	(8,1)	81,1
3	0,000019742	50653	0,2	19,7	(1,3)	13,3
4	0,000000534	1874161	0	0,5	(0,2)	(2,2)

Erläuterungen:

Die für s=1 angegebenen Werte beziehen sich auf eine einzelne vorgegebene Plein-Zahl. Eine Sequenz von zwei vorgegebenen Plein-Zahlen ist beispielsweise in einer Permanenz von 10000 Pleinzahlen durchschnittlich 7,3-mal zu erwarten. Der Erwartungswert des Abstandes zwischen zwei benachbarten derartigen Sequenzen beträgt 1369 Coups.

Einige Werte der angegebenen dreifachen Standardabweichung sind eingeklammert. Der Grund ist, daß die korrespondierende negative 3σ-Grenze $Np(s)-3\sigma$ nicht existiert: Der kleinste mögliche Häufigkeitswert ist ja 0. Da in diesen Fällen Np sehr gering ist, weicht bei diesen großen relativen Ablagen vom Erwartungswert Np die tatsächliche Binomialverteilung von der annähernden Normalverteilung stärker ab. Hierbei wirkt sich die Unsymmetrie der Binomialverteilung aus: Die Wahrscheinlichkeit der Häufigkeit $Np-N_x$ ist für große Werte N_x geringer als die Wahrscheinlichkeit der Häufigkeit $Np+N_x$. Trotzdem ist die Summenwahrscheinlichkeit von Häufigkeiten außerhalb der 3σ-Grenzen – wenn auch einseitig oberhalb von $Np+3\sigma$ – durchaus mit der Wahrscheinlichkeit 0,27% für normalverteilte Zufallsgrößen außerhalb der 3σ-Grenzen ($\rightarrow$25, Tab. 2) vergleichbar. Beispielsweise ist für s=2, $N=10^4$ die tatsächliche Summenwahrscheinlichkeit von Häufigkeiten, die größer als $Np(s)+3\sigma=15$ sind, 0,36%. Für s=3, $N=10^6$ ist die Summenwahrscheinlichkeit für Häufigkeiten, die größer als 33 sind, 0,22%.

Diese Werte können mit der exakten Binomialverteilungsfunktion ($\rightarrow$22, Gl. 14) oder der in den vorliegenden Fällen sehr gut annähernden POISSON-Verteilung ($\rightarrow$26, Gl. 24) ermittelt werden. Die POISSON-Verteilung von Sequenzen ist

$$p(H(s)=K) = \frac{(Np(s))^K}{K!} e^{-Np(s)}.$$

Für s=2, $N=10^4$ sind mit dieser Formel beispielsweise folgende Werte berechenbar:

Tabelle 6

K	$p(H(s)=K)$ in %	$\sum^K p(H(s)=K)$ in %
0	0,06724	0,06724
1	0,49119	0,55843
2	1,79397	2,35240
3	4,36808	6,72048
4	7,97676	14,69724
5	11,65342	26,35066
6	14,18726	40,53792
7	14,80461	55,34253
8	13,51772	68,86025
9	10,97192	79,83154
10	8,01409	87,84563
11	5,32179	93,16742
12	3,23947	96,40689
13	1,82023	98,22712
14	0,94972	99,17684
15	0,46249	99,63933
16	0,21114	99,85047
17	0,09072	99,94119
18	0,03682	99,97801
19	0,01415	99,99216
20	0,00517	99,99733
21	0,00180	99,99913
22	0,00060	99,99973

Das Wahrscheinlichkeitsmaximum ist dem Erwartungswert der Häufigkeit zugeordnet. In der rechten Spalte ist die jeweilige Summenwahrscheinlichkeit aller Häufigkeiten von 0 bis K aufgeführt. Die Trennlinie gibt die 3σ-Grenze $Np(s)+3σ=15$ der Normalverteilungsannäherung an. Die Summenwahrscheinlichkeit für K=15 ist 99,64%. Die Wahrscheinlichkeit für Werte oberhalb dieser Grenze ist infolgedessen 0,36%, wie bereits erwähnt wurde.

Die in Tabelle 5 angegebenen Kennwerte beziehen sich auf verschachtelte soziable Sequenzen von jeweils s vorgegebenen Plein-Zahlen. Die Kennwerte von Serien aus s beliebigen gleichen Plein-Zahlen sind jeweils der (s−1)-ten Zeile zu entnehmen. Die Wahrscheinlichkeit beispielsweise einer Serie aus zwei nicht vorgegebenen, jedoch gleichen Zahlen ist also $1/37=0,\overline{027}$.

Die angegebenen Distanzwerte N_d dürfen nicht mit der jeweiligen Anzahl von Plein-Zahlen verwechselt werden, für welche die Wahrscheinlichkeit, daß mindestens eine soziable Sequenz von s vorgegebenen Plein-Zahlen auftritt, größer als 50% ist. Hierauf werde näher eingegangen:

Allgemein ist $1−p(x)$ die Wahrscheinlichkeit, daß ein vorgegebener Wert x, dessen Wahrscheinlichkeit $p(x)$ ist, bei einer Realisation der Zufallsgröße X nicht auftritt. Die Wahrscheinlichkeit, daß x innerhalb von N Realisationen der Zufallsgröße nicht auftritt, ist $(1−p(x))^N$. Infolgedessen ist die Wahrscheinlichkeit des Auftretens innerhalb von N Realisationen der Zufallsgröße $1−(1−p(x))^N$. Dieser Wert konvergiert mit wachsendem N gegen 1. Aus der Bestimmungsgleichung

$$0,5 = 1 − (1−p(x))^N$$

kann die Anzahl N von Realisationen der Zufallsgröße ermittelt werden, für welche die Wahrscheinlichkeit, daß x mindestens einmal auftritt, 50% beträgt. Es folgt:

$$N = \log(0,5)/\log(1−p(x)).$$

Die Wahrscheinlichkeit einer soziablen Sequenz von s=2 vorgegebenen Plein-Zahlen ist beispielsweise $p(s=2)=1/37^2$. Die Anzahl N von Plein-Zahlen, für welche die Wahrscheinlichkeit des Auftretens einer solchen Sequenz 50% beträgt, ist also

$$N = \log(0,5)/\log(1−1/37^2) = 949.$$

Dieser Wert liegt deutlich unterhalb des in Tabelle 5 angegebenen Wertes $N_d=1369$. Es ist also ein großer Unterschied, ob nach dem mittleren Abstand vorgegebener Plein-Sequenzen oder nach der Anzahl von Plein-Zahlen gefragt wird, für welche die Wahrscheinlichkeit des Vorkommens solcher Sequenzen größer als 50% ist.

Eine elegantere als die benutzte Methode der Berechnung dieser Anzahl von Plein-Zahlen bietet die POISSON-Verteilung. Es soll der Wert von N ermittelt werden, für den die Wahrscheinlichkeit, daß die Häufigkeit der Sequenz 0 ist, 50% beträgt. Infolgedessen gilt:

$$p(H(s)=0) = 0,5 = \frac{(Np(s))^0}{0!}e^{-Np(s)}.$$

Es resultiert:

$$N = \ln2/p(s).$$

Für das untersuchte Beispiel $p(s)=1/37^2$ ergibt sich auch mit dieser Formel N=949.

Sequenzen oder Serien der Cheval-Chance

Die Wahrscheinlichkeit eines vorgegebenen Cheval-Chancenteils ist

$$p = 2/37.$$

Die Wahrscheinlichkeit einer verschachtelten soziablen Sequenz oder Serie von s vorgegebenen Chancenteilen ist infolgedessen

$$p(s) = (2/37)^s.$$

Es ergeben sich die in der folgenden Tabelle aufgeführten Kennwerte für Serienlängen von 1 bis 5:

Tabelle 7

s	p(s)	N_d	Np(s) N=10⁴	Np(s) N=10⁶	3σ N=10⁴	3σ N=10⁶
1	0,0̄5̄4̄	18,5	540,5	54054,1	67,8	678,4
2	0,002921841	342,3	29,2	2921,8	16,2	161,9
3	0,000157937	6331,6	1,6	157,9	(3,8)	37,7
4	0,000008537	117135,1	0,1	8,5	(0,9)	(8,8)
5	0,000000461	2166998,7	0	0,5	(0,2)	(2)

Sequenzen oder Serien der Transversale Pleine-Chance

Die Wahrscheinlichkeit eines vorgegebenen Transversale Pleine-Chancenteils ist

$$p = 3/37.$$

Die Wahrscheinlichkeit einer verschachtelten soziablen Sequenz oder Serie von s vorgegebenen Chancenteilen ist infolgedessen

$$p(s) = (3/37)^s.$$

Es ergeben sich die in der folgenden Tabelle aufgeführten Kennwerte für Serienlängen von 1 bis 6:

Tabelle 8

s	p(s)	N_d	Np(s) N=10⁴	Np(s) N=10⁶	3σ N=10⁴	3σ N=10⁶
1	0,0̄8̄1̄	12,3	810,8	81081,1	81,9	818,9
2	0,006574142	152,1	65,7	6574,1	24,2	242,4
3	0,000533039	1876,0	5,3	533,0	(6,9)	69,2
4	0,000043219	23137,8	0,4	43,2	(2,0)	19,7
5	0,000003504	285366,1	0	3,5	(0,6)	(5,6)
6	0,000000284	3519515,0	0	0,3	(0,2)	(1,6)

Sequenzen oder Serien der Carré-Chance

Die Wahrscheinlichkeit eines vorgegebenen Carré-Chancenteils ist

p = 4/37.

Die Wahrscheinlichkeit einer verschachtelten soziablen Sequenz oder Serie von s vorgegebenen Chancenteilen ist infolgedessen

$$p(s) = (4/37)^s.$$

Es ergeben sich die in der folgenden Tabelle aufgeführten Kennwerte für Serienlängen von 1 bis 7:

Tabelle 9

s	p(s)	N_d	Np(s)		3σ	
			$N=10^4$	$N=10^6$	$N=10^4$	$N=10^6$
1	0,$\overline{108}$	9,3	1081,1	108108,1	93,2	931,6
2	0,011687363	85,6	116,9	11687,4	32,2	322,4
3	0,001263499	791,5	12,6	1263,5	(10,7)	106,6
4	0,000136594	7320,9	1,4	136,6	(3,5)	35,1
5	0,000014767	67718,7	0,1	14,8	(1,2)	(11,5)
6	0,000001596	626398,0	0	1,6	(0,4)	(3,8)
7	0,000000173	5794182,0	0	0,2	(0,1)	(1,2)

Sequenzen oder Serien der Transversale Simple-Chance

Die Wahrscheinlichkeit eines vorgegebenen Transversale Simple-Chancenteils ist

p = 6/37.

Die Wahrscheinlichkeit einer verschachtelten soziablen Sequenz oder Serie von s vorgegebenen Chancenteilen ist infolgedessen

$$p(s) = (6/37)^s.$$

Es ergeben sich die in der folgenden Tabelle aufgeführten Kennwerte für Serienlängen von 1 bis 8:

Tabelle 10

s	p(s)	N_d	Np(s)		3σ	
			$N=10^4$	$N=10^6$	$N=10^4$	$N=10^6$
1	0,$\overline{162}$	6,2	1621,6	162162,2	110,6	1105,8
2	0,026296567	38,0	263,0	26296,6	48,0	480,0
3	0,004264308	234,5	42,6	4264,3	19,5	195,5
4	0,000691509	1446,1	6,9	691,5	(7,9)	78,9
5	0,000112137	8917,7	1,1	112,1	(3,2)	31,8
6	0,000018184	54992,4	0,2	18,2	(1,3)	(12,8)
7	0,000002949	339120,0	0	2,9	(0,5)	(5,2)
8	0,000000478	2091239,6	0	0,5	(0,2)	(2,1)

Sequenzen oder Serien der Chancen Kolonne oder Dutzend

Die Wahrscheinlichkeit eines vorgegebenen Chancenteils einer Kolonne oder eines Dutzend ist

$$p = 12/37.$$

Die Wahrscheinlichkeit einer verschachtelten soziablen Sequenz oder Serie von s vorgegebenen Chancenteilen ist infolgedessen

$$p(s) = (12/37)^s.$$

Es ergeben sich die in der folgenden Tabelle aufgeführten Kennwerte für Serienlängen von 1 bis 13:

Tabelle 11

s	p(s)	N_d	Np(s)		3σ	
			$N=10^4$	$N=10^6$	$N=10^4$	$N=10^6$
1	0,$\overline{324}$	3,1	3243,2	324324,3	140,4	1404,6
2	0,105186267	9,5	1051,9	105186,3	92,0	920,4
3	0,034114465	29,3	341,1	34114,5	54,5	544.6
4	0,011064151	90,4	110,6	11064,2	31,4	313,8
5	0,003588373	278,7	35,9	3588,4	17,9	179,4
6	0,001163797	859,3	11,6	1163,8	10,2	102,3
7	0,000377448	2649,4	3,8	377,4	(5,8)	58,3
8	0,000122415	8169,0	1,2	122,4	(3,3)	33,2
9	0,000039702	25187,5	0,4	39,7	(1,9)	18,9
10	0,000012876	77661,3	0,1	12,9	(1,1)	(10,8)
11	0,000004176	239455,7	0	4,2	(0,6)	(6,1)
12	0,000001354	738321,9	0	1,4	(0,3)	(3,5)
13	0,000000439	2276492,4	0	0,4	(0,2)	(2,0)

Sequenzen oder Serien der Einfachen Chancen

Die Wahrscheinlichkeit eines vorgegebenen Chancenteils der Einfachen Chancen ist

$$p = 18/37.$$

Die Wahrscheinlichkeit einer verschachtelten soziablen Sequenz oder Serie von s vorgegebenen Chancenteilen ist infolgedessen

$$p(s) = (18/37)^s.$$

Es ergeben sich die in Tabelle 12 aufgeführten Kennwerte für Serienlängen von 1 bis 20:

Die Wahrscheinlichkeit des Ausbleibens eines vorgegebenen Chancenteils der Einfachen Chancen ist

$$p = 19/37.$$

Die Wahrscheinlichkeit einer verschachtelten soziablen Serie von s Gegenchancen, d.h. des jeweils nicht gesetzten Chancenteils oder von Zero, ist infolgedessen

$$p(s) = (19/37)^s.$$

Tabelle 12

s	p(s)	N_d	Np(s)		3σ	
			N=10⁴	N=10⁶	N=10⁴	N=10⁶
1	0,$\overline{486}$	2,1	4864,9	486486,5	149,9	1499,5
2	0,236669102	4,2	2366,7	236669,1	127,5	1275,1
3	0,115136320	8,7	1151,4	115136,3	95,8	957,6
4	0,056012264	17,9	560,1	56012,3	69,0	689,8
5	0,027249209	36,7	272,5	27249,2	48,8	488,4
6	0,013256372	75,4	132,6	13256,4	34,3	343,1
7	0,006449046	155,1	64,5	6449,0	24,0	240,1
8	0,003137374	318,7	31,4	3137,4	16,8	167,8
9	0,001526290	655,2	15,3	1526,3	11,7	117,1
10	0,000742519	1346,8	7,4	742,5	(8,2)	81,7
11	0,000361226	2768,4	3,6	361,2	(5,7)	57,0
12	0,000175731	5690,5	1,8	175,7	(4,0)	39,8
13	0,000085491	11697,1	0,9	85,5	(2,8)	27,7
14	0,000041590	24044,1	0,4	41,6	(1,9)	19,3
15	0,000020233	49424,0	0,2	20,2	(1,3)	13,5
16	0,000009843	101593,9	0,1	9,8	(0,9)	(9,4)
17	0,000004789	208831,8	0	4,8	(0,7)	(6,6)
18	0,000002330	429265,0	0	2,3	(0,5)	(4,6)
19	0,000001133	882379,0	0	1,1	(0,3)	(3,2)
20	0,000000551	1813779,0	0	0,6	(0,2)	(2,2)

Es ergeben sich die in Tabelle 13 aufgeführten Kennwerte für Serienlängen von 1 bis 22.

Erläuterungen:

Aus Tabelle 12 ersieht man beispielsweise, daß eine vorgegebene Sequenz der Mindestlänge s=10 im Durchschnitt jeweils einmal pro 1346,8 Coups erscheint. Gemäß Tabelle 13 ist hingegen einmal pro 784,3 Coups damit zu rechnen, daß eine entsprechend lange Sequenz aus Gegenchance und Zero vorkommt. Wie bei der Plein-Chance erörtert, ist dieser Anzahl von Coups jedoch nicht eine Wahrscheinlichkeit von 50% für das Ausbleiben des gesetzten Chancenteils zugeordnet. Diese Anzahl von Coups ist wiederum am einfach-

sten aus der POISSON-Verteilungsannäherung mit

$$N = (37/18)^{10} \ln(2) = 934$$

berechenbar.

Eine Sequenz von s=20 oder mehr vorgegebenen Chancenteilen der Einfachen Chancen kommt gemäß Tabelle 12 mit einem durchschnittlichen Abstand von N_d=1,8 Mio Coups vor. Die längsten Serien, von denen berichtet wird, sind

● 29mal Passe in Monte Carlo,
● 28mal Rot in Campione (1967) und
● eine 27fache Intermittenz zwischen Pair und Impair in Baden bei Wien (1964).

Tabelle 13

s	p(s)	N_d	Np(s)		3σ	
			N=10⁴	N=10⁶	N=10⁴	N=10⁶
1	0,$\overline{513}$	1,9	5135,1	513513,5	149,9	1499,5
2	0,263696129	3,8	2637,0	263696,1	132,2	1321,9
3	0,135411525	7,4	1354,1	135411,5	102,6	1026,5
4	0,069535648	14,4	695,4	69535,6	76,3	763,1
5	0,035707495	28,0	357,1	35707,5	55,7	556,7
6	0,018336281	54,5	183,4	18336,3	40,2	402,5
7	0,009415928	106,2	94,2	9415,9	29,0	289,7
8	0,004835206	206,8	48,4	4835,2	20,8	208,1
9	0,002482944	402,7	24,8	2482,9	14,9	149,3
10	0,001275025	784,3	12,8	1275,0	(10,7)	107,1
11	0,000654743	1527,3	6,5	654,7	(7,7)	76,7
12	0,000336219	2974,3	3,4	336,2	(5,5)	55,0
13	0,000172653	5792,0	1,7	172,7	(3,9)	39,4
14	0,000088660	11279,1	0,9	88,7	(2,8)	28,2
15	0,000045528	21964,5	0,5	45,5	(2,0)	20,2
16	0,000023379	42773,0	0,2	23,4	(1,5)	14,5
17	0,000012006	83294,8	0,1	12,0	(1,0)	(10,4)
18	0,000006165	162205,7	0,1	6.2	(0,7)	(7,4)
19	0,000003166	315874,3	0	3,2	(0,5)	(5,3)
20	0,000001626	615123,7	0	1,6	(0,4)	(3,8)
21	0,000000835	1197872,4	0	0,8	(0,3)	(2,7)
22	0,000000429	2332699,0	0	0,4	(0,2)	(2,0)

Ecarts, Spannungen
Signale

Unter einem Ecart[1] versteht man die Häufigkeitsdifferenz zweier gleichwahrscheinlicher Chancenteile innerhalb einer Permanenz. Für die beiden Teile der Farbchance beispielsweise ist der auf Rot bezogene absolute Ecart also:

$$E_{abs} = H_R - H_S$$

($H_R \triangleq$ Häufigkeit von Rot, $H_S \triangleq$ Häufigkeit von Schwarz).

Der Ecart kann sowohl positiv als auch negativ sein. Hinsichtlich des häufiger erschienenen Chancenteils, der sogenannten „Dominante", ist die Bezeichnung Plusecart gebräuchlich. Für den weniger häufig aufgetretenen Chancenteil, die „Restante", besteht ein sogenannter Minusecart.

Einer der fundamentalen Irrtümer vieler Roulettetheoretiker besteht in der Annahme, daß nach anfänglichen Ecarts sich über viele Coups hinweg zwangsläufig wieder ein Gleichgewicht einstellen müsse. Dieser Sachverhalt wird als „Gesetz des Ausgleichs" oder „Gesetz des Gleichgewichts (Equilibre)" bezeichnet. Viele Autoren benutzen dieses angebliche Gesetz als Grundlage für Spielkonzepte und Systemvorschläge, ohne zu merken, daß sie sich hierbei auf dem Holzwege befinden. Denn das Gesetz des Ausgleichs bezogen auf die absolute Häufigkeitsdifferenz zweier gleichwahrscheinlicher Chancenteile existiert in Wirklichkeit nicht. Diese Feststellung werde näher begründet:

A und B seien die beiden Teile einer Einfachen oder einer mehrfachen Chance mit der gleichen Realisationswahrscheinlichkeit p und der absoluten Häufigkeit H_A bzw. H_B nach N Coups. Der Ecart ist dann

$$E_{abs} = H_A - H_B.$$

Im Anhang I wird gezeigt, daß der Erwartungswert des Ecarts 0 ist und für die Standardabweichung des Ecarts folgende Beziehung gilt:

$$\sigma = \sqrt{2pN}$$

Diese bei wachsendem N sich proportional $\sqrt{N}$ vergrößernde Streuung legt die Vermutung nahe, daß auch die Wahrscheinlichkeit $p(E_{abs} = 0)$ eines Nullecarts umso geringer wird, je größer N ist. Diese Vermutung wird durch die im Anhang I entwickelte Näherung

$$p\,(E_{abs} = 0) \cong \frac{1}{\sqrt{4\pi pN}}$$

bestätigt. Hieraus resultiert, daß sich die Wahrscheinlichkeit eines Nullecarts, also eines Gleichgewichtes der Häufigkeiten beider Chancenteile, proportional $1/\sqrt{N}$ verhält.

Eine möglicherweise etwas näherliegende Argumentation gegen das „Gesetz des Ausgleichs" ist folgende:

Es sollen zwei gleichwahrscheinliche Chancenteile betrachtet werden. Für einen ersten Spielabschnitt N_1 ist dann der Erwartungswert des Ecarts null. Es werde jedoch angenommen, daß infolge der möglichen Streuungen nach N_1 Coups ein absoluter

---

[1] französisch für „Abweichung"

Ecart von E_1 entstanden ist. Vom N_1-ten Coup aus betrachtet ist für eine weitere Spielstrecke von N_2 Coups der Erwartungswert des Ecarts wiederum null. Infolgedessen ist über die gesamte Spielstrecke $N_1 + N_2$ unter der Voraussetzung, daß nach N_1 Coups ein Ecart von E_1 entstanden ist, der Erwartungswert des absoluten Ecarts ebenfalls E_1. Es besteht von N_1 aus betrachtet also durchaus keine rückläufige Tendenz nach einem Nullecart, wie es das „Gesetz des Ausgleichs" postuliert. Vielmehr liegt eine Tendenz der Aufrechterhaltung eines einmal entstandenen absoluten Ecarts vor, da die Parität beider gleichwahrscheinlicher Chancenteile (über eine gerade Anzahl von Nicht-Zero-Coups hinweg) die jeweils größere Wahrscheinlichkeit gegenüber irgendeiner von null abweichenden Häufigkeitsdifferenz aufweist. Insofern sind solche Systemspiele, die auf einen Häufigkeitsausgleich nach entstandenen Disparitäten spekulieren, äußerst fragwürdig.

Während die Standardabweichung des absoluten Ecarts sich proportional $\sqrt{N}$ verhält, ist die Standardabweichung des sogenannten statistischen Ecarts

$$E_{st} = \frac{E_{abs}}{\sigma},$$

wobei σ die Standardabweichung von E_{abs} ist, von N unabhängig. Der statistische Ecart ist also ein relativer, nämlich auf seine Standardabweichung bezogener absoluter Ecart. Setzt man den eingangs angegebenen Ausdruck für σ ein, so resultiert

$$E_{st} = \frac{E_{abs}}{\sqrt{2pN}}.$$

Dies ist die allgemeine Formel für E_{st}, die auch für zwei Teile einer mehrfachen Chance, beispielsweise Plein, gültig ist. Im speziellen Fall der Einfachen Chancen gilt $p = 18/37 \approx 0,5$. Mit dem Näherungswert 0,5 wird der statistische Ecart

$$E_{st} \cong \frac{E_{abs}}{\sqrt{N}}.$$

Diese Formel – mit einem Gleichheitszeichen anstelle des „näherungsweise gleich" - Zeichens – ist die in der Fachliteratur - meist ohne mathematische Herleitung – angegebene Formel für den statistischen Ecart. Es ist jedoch zu beachten, daß sie nur – und zwar auch nur näherungsweise – für Einfache Chancen gilt.

E_{st} ist eine gemäß Gl. (18) ($\rightarrow$ 23) normierte und für $Np \gg 1$ normalverteilte Zufallsgröße mit dem Erwartungswert 0, der von N unabhängigen Standardabweichung 1 und der Verteilung φ (x) gemäß Gl. (17). Nach der 3σ-Regel ($\rightarrow$ 25) ist es deshalb nahezu sicher, daß E_{st} die Grenzen -3 oder +3 nicht überschreitet. Die Wahrscheinlichkeit einer solchen Überschreitung ist 0,27% ($\rightarrow$ 25, Tab. 2). Ein statistischer Ecart von 6 ist wohl noch nie beobachtet worden. Er würde sich beispielsweise bei einer Serie von 36 gleichen Teilen einer Einfachen Chance ergeben, denn es gilt dann nach obiger Näherungsformel mit N = 36:

$$E_{st} \approx (36\text{-}0)\sqrt{36} = 6.$$

In fälschlicher Deutung dieser Zusammenhänge raten einige Roulettetheoretiker zu einem „Angriff" auf einen Chancenteil, wenn für diesen innerhalb einer beobachteten Permanenz ein gewisser statistischer Minusecart überschritten wird. Über die zweckmäßige Festlegung dieses Grenzwertes ist man sich allerdings nicht einig. Diesbezüglich werden im wesentlichen Werte von 3 bis 4 gehandelt. Einer sachlich-mathematischen Analyse halten solche Strategien jedoch nicht stand: Diese sogenannten Roulettewissenschaftler verfallen in den fundamentalen Fehler der Annahme einer Kausalitätsbeziehung zwischen definitionsgemäß jedoch unabhängigen Zufallsereignissen. Selbst nach extremen Ecarts ändert sich ja nichts an der vollständigen Unabhängigkeit dieser Zufallsereignisse. Auch nach einem statistischen Minusecart von beispielsweise 4 hat sich an der Wahrscheinlichkeit des Erscheinens einer Restante durchaus nichts geändert, denn diese Wahrscheinlichkeit ist eine Konstante. Die von vielen „Roulettewissenschaftlern" in diesem Zusammenhang benutzte Bezeichnung „Spannung" für Ecart besteht keineswegs. Der Rouletteapparat hat naturgemäß keinerlei Gedächtnis für den entstandenen Ecart und zieht aus diesem keineswegs irgendeine Konsequenz im Sinne einer Bevorzugung der Restante. Es ist also auch unsinnig, aus dem beobachteten Minusecart ein sogenanntes „Angriffssignal" auf die Restante herzuleiten. Ob es zweckmäßiger ist, auf die Restante oder Dominante zu setzen, ist in keiner Weise prädestiniert und wird erst durch die folgenden Coupergebnisse entschieden.

Das Verfolgen und Bespielen bestimmter Chancenteile nach ausgewählten Kriterien wird beim Roulette als „Marsch" bezeichnet. Der Marsch schreibt also vor, wohin der Einsatz zu plazieren ist. Grundsätzliche methodische Unterschiede ergeben sich daraus, ob der Spieler mit oder entgegen der momentanen Tendenz der Coupergebnisse agiert. Im ersten Fall wird vom Spiel „mit der Bank", dem „Favoritenspiel" oder dem „Spiel auf die Dominante", im zweiten Fall vom Spiel „gegen die Bank" oder dem „Spiel auf die Restante" gesprochen.

Zu den klassischen Märschen, die auch von Henri Chateau untersucht wurden [12], gehören:

- Nachsetzen auf den gewinnenden Coup (die „Gagnante"),
- Setzen auf den verlierenden Coup (die „Perdante"),
- Nachsetzen auf den vorletzten Coup (die Avant-dernière),
- das Spiel auf den Zweiercoup,
- das Spiel gegen den Zweiercoup,
- das Spiel auf den Dreiercoup,
- das Spiel gegen den Dreiercoup
- der beständige Wechsel zwischen beiden Seiten (die „Sauteuse").

An und für sich zeugt bereits die Tatsache, daß solch widersprüchliche Marschstrategien praktiziert werden und sich offensichtlich keine Art gegenüber ihrem Gegenteil als nachweislich vorteilhaft herausgestellt hat, von der Unsinnigkeit aller Marschstrategien. Daß sogenannte Roulettewissenschaftler überhaupt bestimmte Marschstrategien als Objekte ernsthafter Untersuchungen würdigen und wohlmöglich als empfehlenswert propagieren, darf als ein Beispiel irregeleiteten menschlichen Intellektes betrachtet werden. In diesem Zusammenhang sei auch auf die im Kapitel „Der Rouletteapparat als Zufallszahlengenerator" erörterten psychologischen Aspekte hingewiesen. Der Traum vom „überlegenen Marsch", den Generationen von Roulettespielern geträumt haben, ist also eine reine Illusion.

Die im Verlauf der vorangegangenen Erörterungen getroffenen grundsätzlichen Feststellungen sind eigentlich weitgehend trivial und müßten auch dem Nicht-Mathematiker ohne weitere Begründungen verständlich sein. Trotzdem sind diese Feststellungen nicht gegenstandslos, da ein großer Teil der publizierten und angewendeten Spielmethoden auf den erläuterten Irrtümern beruht. Vielleicht kann dieses Buch dazu beitragen, einen Teil der so verbreiteten Mißverständnisse und Irrtümer auszuräumen.

Das Masse égale-Spiel

Beim Masse égale-Spiel wird die Satzhöhe für die bespielte Chance konstant gehalten. Diese Spielweise steht im Gegensatz zum sogenannten Progressionsspiel, bei welchem die Höhe der einzelnen Einsätze davon abhängig ist, ob Verlustcoups oder Treffer vorangegangen sind.

Im folgenden soll gezeigt werden, daß Masse égale-Spiele keine Gewinnerwartungen aufweisen und nach gewissen Spielstrecken unweigerlich, d.h. mit vernachlässigbar geringer Restwahrscheinlichkeit eines Gesamtgewinnes, in die Verlustzone führen. Die Erwartungswerte und Streuungen der Verluste werden ermittelt. Dieser rein sachlich-mathematisch behandelten Thematik wird ein breiterer Raum gewidmet, da wohl angenommen werden kann, daß die Mehrheit aller Roulettespieler mit konstanten oder näherungsweise konstanten Satzhöhen operiert, also kein konsequentes und methodisches Progressionsspiel betreibt, jedoch darauf spekuliert, auf diese Weise Gewinne erzielen zu können. Auf die in der Rouletteliteratur herumgeisternden Gerüchte über angeblich überlegene Marschstrategien unter Ausnutzung von „Spannungen" und „Ausgleichstendenzen" wird im folgenden nicht eingegangen, da erwartet wird, daß dem Leser die Unsinnigkeit dieser Spekulationen aufgrund der Ausführungen in den vorangegangenen Kapiteln bewußt gemacht worden ist.

Der Auszahlungsmodus der Spielbanken ist im Gewinnfall für alle Chancen folgender:

Wurde auf einen Chancenteil der Einsatz S getätigt, so ist die Nettogewinnauszahlung,

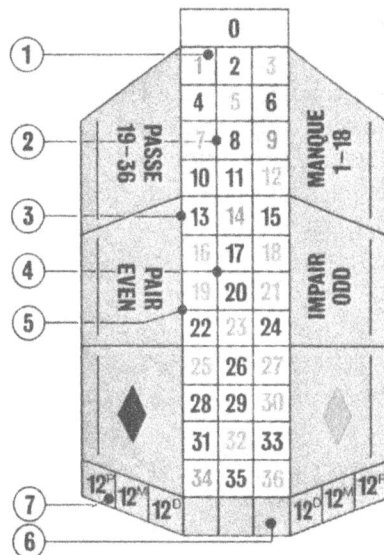

Gewinnplan – Winning Plan

		Einsatz/Stake
1	**Plein**	
	(eine volle Nummer)	35 fach
	(one full number)	35 times
2	**Cheval**	
	(2 verbundene Nummern)	17 fach
	(2 connecting numbers)	17 times
3	**Transversale pleine**	
	(Querreihe von 3 Nummern)	11 fach
	(3 numbers across)	11 times
4	**Carré**	
	(4 Nummern im Viereck)	8 fach
	(4 numbers in a square)	8 times
5	**Transversale simple**	
	(Querreihe von 6 Nummern)	5 fach
	(6 numbers across)	5 times
6	**Kolonne von 12 Nummern**	2 fach
	(column of 12 numbers)	2 times
7	**Ein Dutzend**	2 fach
	(a dozen)	2 times

Einfache Chancen - Single Chances

Gerade oder ungerade Nummern	1 mal der
Even or uneven numbers	Einsatz
Rot oder schwarz - Red or black	1 time the
Manque (1-18), Passe (19-36)	stake

Bei „Zero" werden alle Einsätze auf einfache Chancen gesperrt. Wird in diesem Falle die Auszahlung verlangt, verliert der Satz die Hälfte.

In case of „zero" all stakes on single chances will be blocked (in prison). If payment is requested, half of the stake will be lost.

die als negativer Verlust v aufgefaßt werden soll,

$$v = -(36/c - 1)S.$$

In dieser Gleichung ist c die Chancengröße (→ 35), also die Anzahl der durch den Chancenteil belegten Zahlenfelder auf dem Tableau. Wurde beispielsweise eine Plein-Chance gewonnen, so ist mit c = 1:

$$v = -35S.$$

Wurde beispielsweise ein Carré gewonnen, so ist mit c = 4:

$$v = -8S.$$

Die Wahrscheinlichkeit für einen Gewinncoup ist $p = c/37$ (→ 35) und ist mit der Wahrscheinlichkeit dafür identisch, daß eine Zahl geworfen wird, die Bestandteil des Chancenteils ist, für den der Einsatz getätigt wurde. Die Wahrscheinlichkeit für den Verlust

$$v = S$$

eines Einsatzes ist für alle Chancen mit Ausnahme der Einfachen Chancen $1-p = 1-c/37$.

Es kann also unter Ausschluß der Einfachen Chancen eine Zufallsgröße „Verlust pro Coup" v definiert werden, für die folgende Verteilungstabelle gilt:

v:	$(1-36/c)S$	S
	$c/37$	$1-c/37$

Die beiden möglichen Werte der Zufallsgröße sind $(1-36/c)S$ und S. Die zugehörigen Wahrscheinlichkeiten sind $c/37$ und $1-c/37$. Der Erwartungswert (→18, Gl. 6) von v ist:

$$E\{v\} = (1-36/c)Sc/37 + S(1-c/37)$$
$$= S/37.$$

Dieser Verlust-Erwartungswert ist also unabhängig von der bespielten Chance und positiv. Im statistischen Durchschnitt wird infolgedessen von jedem Einsatz der 37-ste Teil verloren. Die Varianz der Zufallsgröße v (→19, Gl. 8) ist:

$$\sigma^2 = E\{(v-E\{v\})^2\}$$
$$= [(1-36/c)S-S/37]^2 c/37$$
$$\quad + [S-S/37]^2(1-c/37)$$
$$= (36S/37)^2(37/c-1).$$

$E\{v\}$ repräsentiert den Erwartungswert des Verlustes pro Coup, der auch als *Verlustrate* bezeichnet werden kann. Der Erwartungswert des *Gesamtverlustes* V nach N Coups und die Varianz des Gesamtverlustes ergeben sich durch Multiplikation der entsprechenden Werte der Verlustrate mit N (→19, Gl. 7), also

$$E\{V\} = NE\{v\}$$
$$\sigma^2 = (36S/37)^2(37/c-1)N.$$

Infolgedessen ist

$$E\{V\} = NS/37$$

der Erwartungswert des Gesamtverlustes und

$$\sigma = 36S/37\sqrt{(37/c-1)N}$$

die Standardabweichung des Gesamtverlustes.

Diese beiden Formeln gelten für die Plein-Chance allerdings nur bedingt. Dies liegt daran, daß vom Plein-Spieler erwartet wird, daß er im Gewinnfall einen Obolus in der Mindesthöhe eines Einsatzes an die Casino-Angestellten entrichtet. Infolgedessen ist es realistischer, für Plein einen effektiven Gewinn in der Höhe des 34fachen anstelle des 35fachen Einsatzes zu definieren. Für v kann dann folgende Verteilungstabelle angegeben werden:

v:	−34 S	S
	1/37	36/37

Damit ist

$$E\{v\} = -34S/37 + 36S/37$$
$$= 2S/37$$

und

$$\sigma^2 = (-34S-2S/37)^2/37 + (S-2S/37)^2 36/37$$
$$= 32,213 \, S^2.$$

Für den Gesamtverlust nach N Coups resultiert

$$E\{V\} = 2NS/37$$
$$\sigma = 5,6757S \sqrt{N}.$$

Die Verlusterwartung hat sich also gegenüber den anderen Chancen verdoppelt.

Auch die Einfachen Chancen nehmen eine Sonderstellung ein. Der Grund hierfür ist, daß nur die Hälfte des Einsatzes verloren wird, falls Zero erscheint. Diese Feststellung gilt allerdings nur exakt, wenn der gesperrte Einsatz teilbar ist und sich der Spieler die Hälfte auszahlen läßt. Die Alternative, im Sperrungsfall (en prison) auf die mögliche Befreiung des Einsatzes zu warten, bewirkt eine geringe Veränderung der zu erwartenden Verlustrate oder „Zerosteuer" (→ 63 und Anhang B). Für jeden Chanceteil der Einfachen Chancen bestehen also jeweils drei Möglichkeiten:

- Der Einsatz wird gewonnen und der Verlust beträgt v = −S.
- Der Einsatz wird verloren und der Verlust beträgt v = S.
- Zero wird geworfen und der Verlust beträgt v = S/2.

Die Verteilungstabelle für v ist also:

v:	−S	S	S/2
	18/37	18/37	1/37

18/37 ist die Wahrscheinlichkeit der bespielten Chance oder der Gegenchance. 1/37 ist die Wahrscheinlichkeit von Zero. Infolgedessen gilt:

$$E\{v\} = -18S/37 + 18S/37 + S/74$$
$$= S/74$$

$$\sigma^2 = (-S-S/74)^2 18/37 + (S-S/74)^2 18/37$$
$$+ (S/2-S/74)^2/37$$
$$= 0,979547 \, S^2.$$

Für den Gesamtverlust resultiert:

$$E\{V\} = NS/74$$
$$\sigma = 0,9897 \, S\sqrt{N} \approx S\sqrt{N}.$$

Betrachtet man die ermittelten Ergebnisse näher, so stellt man fest, daß sich der größte Erwartungswert des Verlustes bei der Plein-Chance mit 2NS/37, d.h. 5,4% von der Summe aller Einsätze ergibt. Dies liegt daran, daß für Plein im Gewinnfall ein Trinkgeld in der Höhe eines Einsatzes vorausgesetzt und als Quasi-Verlust in die Rechnung einbezogen wurde, während diese Voraussetzung bei keiner anderen Chance gemacht wurde. Die Verlusterwartung ist bei diesen Chancen mit Ausnahme der Einfachen Chancen infolgedessen halb so groß, nämlich NS/37, d.h. 2,7% aller getätigten Einsätze. Wiederum halb so groß, nämlich NS/74 bzw. 1,35% aller getätigten Einsätze, ist die Verlusterwartung für die Einfachen Chancen.

Wendet man die 3σ-Regel (→25) an, so liegt der Verlust mit einer Wahrscheinlichkeit von 99,73% zwischen den Grenzen $E\{V\}-3\sigma$ und $E\{V\}+3\sigma$. Betrachtet man die Nicht-Überschreitung dieser Grenzen als nahezu sicher, so ist der minimal zu erwartende Verlust

$$E\{V\}-3\sigma.$$

Dieser Sachverhalt ermöglicht die Beantwortung der Frage, nach welcher Anzahl $N=N_v$ von Coups es praktisch sicher ist, daß ein Masse égale-Spieler insgesamt keinen Gewinn erzielt hat. Durch Nullsetzen von $E\{V\}-3\sigma$ folgt nach einfacher Rechnung:

$$N_v = \begin{cases} 99261 & \text{für Plein,} \\ 48276 & \text{für Einfache Chancen,} \\ 108^2(37/c-1) & \text{für die anderen Chancen.} \end{cases}$$

In Tabelle 14 sind zur besseren Übersicht die allgemeinen Ausdrücke für $E\{V\}$ und σ sowie die Zahlenwerte von N_v für alle Chancen zusammengestellt.

Tabelle 14

Chance	$E\{V\}$	σ	N_v
Plein	2NS/37	$5{,}68S\sqrt{N}$	99261
Cheval	NS/37	$4{,}07S\sqrt{N}$	204120
Transv. Pl.	NS/37	$3{,}28S\sqrt{N}$	132192
Carré	NS/37	$2{,}79S\sqrt{N}$	96228
Transv. Si.	NS/37	$2{,}21S\sqrt{N}$	60264
Kol., Dtzd.	NS/37	$1{,}40S\sqrt{N}$	24300
Einf.Chancen	NS/74	$0{,}99S\sqrt{N}$	48276

Aus den Werten für N_v geht beispielsweise hervor, daß ein Spieler, der mit gleichbleiben-

der Satzhöhe Carré spielt, nach 96228 Coups mit einer Wahrscheinlichkeit von 99,87% insgesamt verloren hat. Der Erwartungswert seines Verlustes beträgt zu diesem Zeitpunkt mit $N=N_v$:

$$E\{V\} = 2601S.$$

Bei einem Einsatz von S=DM10,− (pro Coup) würde sich sein Verlust auf

$$V = DM\ 26010{,}−$$

belaufen. Hätte dieser Spieler über eine große Anzahl von Coups hinweg äußerst viel Glück gehabt, so wäre seine Gesamtbilanz gerade ausgeglichen. Hätte er andererseits sehr viel Pech gehabt und die andere 3σ-Grenze erreicht, so wäre sein Gesamtverlust 2×DM 26010,− = DM 52020,−. Die relative Streuung des Ergebnisses ist nach $N=N_v$ Coups also noch sehr groß. Diese relative Streuung wird jedoch mit wachsendem N ständig geringer. Nach beispielsweise 200000 Coups beträgt der zu erwartende Verlust DM 54054,−. Die dreifache Standardabweichung ist ca. DM 37000,−. Nach 500000 Coups beträgt der zu erwartende Verlust DM 135135,− und die dreifache Standardabweichung ca. DM 59000,−. Der Verlust liegt also mit einer Wahrscheinlichkeit von ca. 99,73% in einem Bereich von DM 76000,− bis DM 194000,−. Im Hinblick auf die einfachen σ-Grenzen (→25, Tab. 2) ist mit einer Wahrscheinlichkeit von ca. 68% ein Verlust von DM 115000,− bis DM 155000,− zu erwarten.

Im Diagramm 3 sind für die Carré-Chance der Erwartungswert des Gesamtverlustes und die zugehörigen 3σ-Grenzen über N aufgetragen. Die sehr geringe Möglichkeit, einen Gesamtgewinn auszuweisen, ist entsprechend den gegebenen Erläuterungen praktisch nur bis $N=N_v$ gegeben. Bis zu diesem Punkt ver-

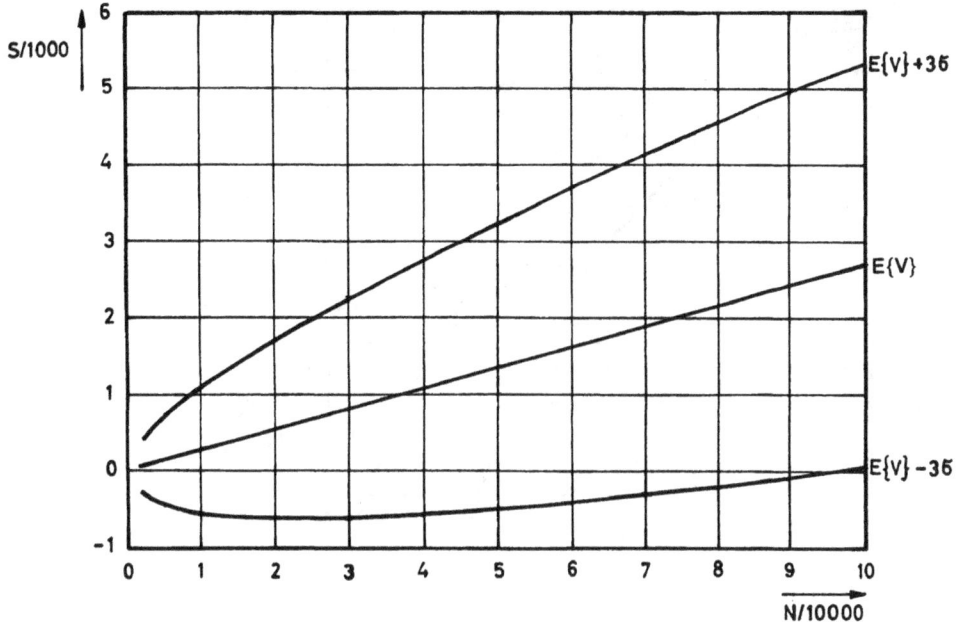

Diagramm 3
Der Erwartungswert und die 3σ-Grenzen des Gesamtverlustes V für die Carré-Chance über der Anzahl N von Coups

läuft die untere 3σ-Grenze auf der negativen Verlustseite.

Unter den betrachteten Chancen weist die Cheval-Chance die vergleichsweise größte Standardabweichung im Verhältnis zur Verlusterwartung auf. Dies liegt daran, daß für Plein eine in den Tronc wandernde Gewinnabgabe in der Höhe eines Einsatzes berücksichtigt wurde, eine Voraussetzung, die für Cheval nicht gemacht wurde. Bleibt man bei dieser Annahme, so kann man sich auf den Standpunkt stellen, daß – abgesehen von den Einfachen Chancen mit der geringeren Verlusterwartung – unter den höheren Chancen Cheval die günstigste ist, da immerhin bis ca. 204120 Coups eine – wenn auch geringe – Möglichkeit besteht, einen Gesamtgewinn zu erzielen. Im folgenden soll die Wahrscheinlichkeit eines Gesamtgewinns in Abhängigkeit von N ermittelt werden.

Normiert man den Gesamtverlust V entsprechend Gl. (18), so erhält man

$$V_{norm} = \frac{V - E\{V\}}{\sigma}$$

mit E{v} und σ gemäß Tabelle 14. Für die hier vorausgesetzten großen Spielstrecken N können die Zufallsgrößen V und V_{norm} mit sehr guter Näherung als normalverteilt betrachtet werden. Die V_{norm} zugeordnete Verteilungsfunktion ist also

$$\phi(a) = p(V_{norm} \leq a)$$

gemäß Gl. (21). Ein Gesamtgewinn oder ausgeglichener Saldo liegt für V ≤ 0 vor, d.h. für Werte von V_{norm}, die mit

$$x = E\{V\})/\sigma$$

im x-Bereich von $-\infty$ bis $-x$ liegen. Es resultiert

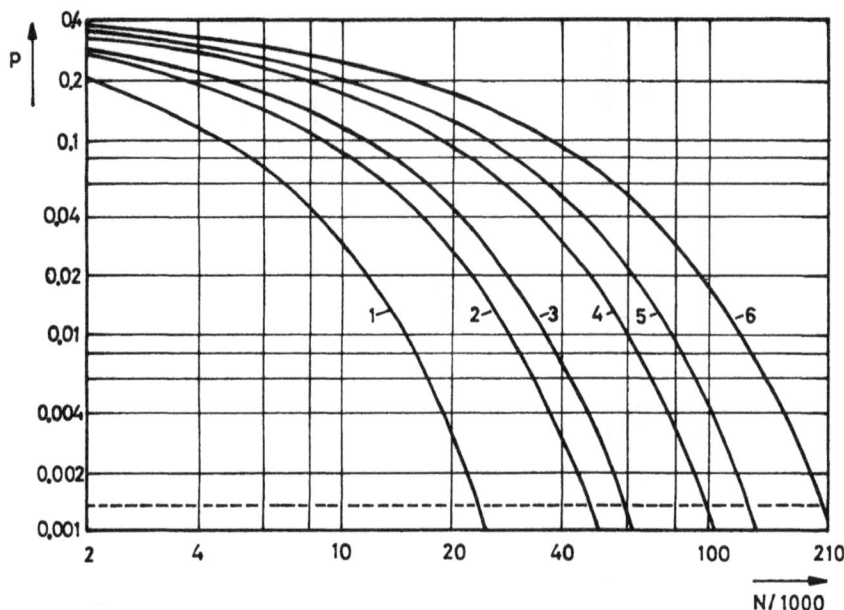

Diagramm 4
Die Wahrscheinlichkeit p = p(V≤0) eines Gesamtgewinnes unbestimmter Höhe über der Anzahl N von Coups für Kolonne und Dutzend (1), Einfache Chance (2), Transversale Simple (3), Plein und Carré (4), Transversale Pleine (5), Cheval (6)

$$p(V \leq 0) = \phi(-x) = 1 - \phi(x).$$

Im Diagramm 4 sind die aus der angegebenen Beziehung ermittelten Werte von p(V ≤ 0) für die verschiedenen Chancen in einem doppeltlogarithmischen Koordinationenraster über N aufgetragen. N = N_v liegt jeweils dort, wo die einzelnen Kurven die gestrichelte Linie p = 0,135% schneiden.

Man erkennt, daß die Gewinnwahrscheinlichkeit, die sich bei sehr kleinen Werten von N chancenabhängig zwischen 49% und 62% bewegt, über eine Anzahl von N=2000 Coups bereits sehr viel geringer geworden ist und in einem Bereich von ca. 20% bis 40% liegt. Mit wachsendem N sinkt die Gewinnwahrscheinlichkeit weiterhin rapide. Für die Cheval-Chance mit den größten Werten für die Wahrscheinlichkeit eines Gesamtgewinnes ergibt sich beispielsweise über 2000

Coups 39%, über 10000 Coups 25%, über 50000 Coups 6,9% und über 100000 Coups 1,8% als Wahrscheinlichkeit eines Gesamtgewinnes. Bei ca. 204000 Coups ist die 3σ-Grenze von V erreicht und die Restwahrscheinlichkeit eines Gesamtgewinnes auf 0,135% reduziert, so daß ein Gesamtverlust nahezu sicher ist, dessen Erwartungswert an dieser Stelle bei ca. 5500S liegt. Bei den anderen Chancen wird diese Grenzsituation früher erreicht. Die kürzeste Spielstrecke für eventuelle Gesamtgewinne besteht für die Kolonne oder das Dutzend.

Die vorangegangene Untersuchung sagt nichts über die Höhe des jeweiligen Gewinnes aus. Es wurde lediglich die Wahrscheinlichkeit eines Gewinnes, der größer oder gleich null ist, ermittelt. Um einen Gewinn zu erzielen, der größer oder gleich einer vorgegebenen Grenze yNS ist, müssen die Werte der Zufallsgröße V_{norm} im Bereich von

$$x = \frac{E\{V\} + yNS}{\sigma}$$

bis ∞ liegen. Die Wahrscheinlichkeit hierfür ist

$$p(V \leq -yNS) = 1 - \Phi(x).$$

Beschränkt man sich auf die Analyse der Gewinnmöglichkeiten für die Cheval-Chance, so ergibt sich mit den Ausdrücken für Cheval

aus Tabelle 14

$$x = \frac{NS/37 + yNS}{4{,}07S\sqrt{N}} = \frac{(1+37y)\sqrt{N}}{150{,}6}$$

Im Diagramm 5 sind die hieraus ermittelten Wahrscheinlichkeiten $p(V \leq -yNS)$ für y=0, 1%, 2% und 5% über N aufgetragen. Man erkennt, daß für eine vorgegebene Anzahl von Coups die Gewinnwahrscheinlichkeit $p(V \leq -yNS)$ stark von der relativen Höhe y des Gewinnes abhängt. Für N=10000 ergibt sich beispielsweise:

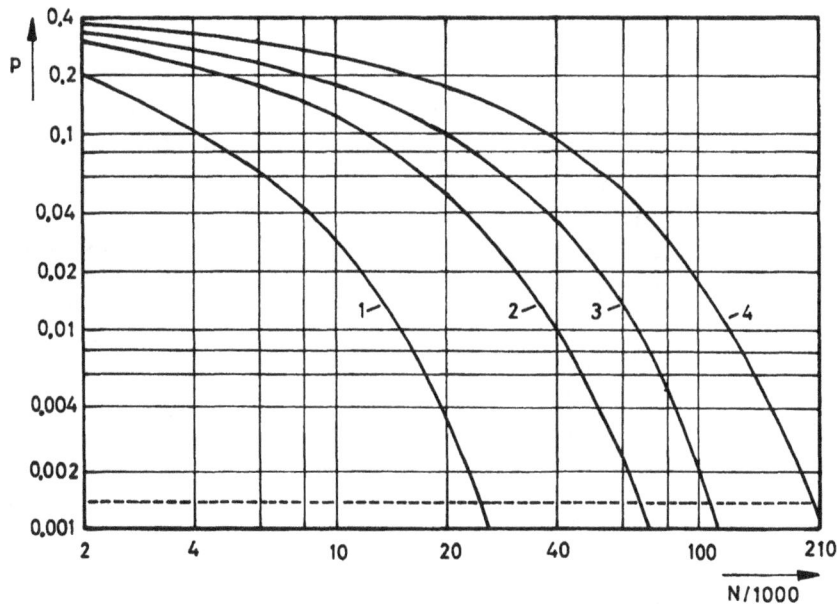

Diagramm 5
Die Wahrscheinlichkeit p = p(V≤−yNS) eines Gesamtgewinnes ≥yNS bei der Cheval-Chance für y=5% (1), y=2% (2), y=1% (3), y=0 (4)

y	$p(V \leq -yNS)$
0	0,25
1%	0,18
2%	0,12
5%	0,03

Andererseits verringert sich die Spielstrecke N_v für mögliche Gewinne yNS rasch mit wachsendem y:

y	N_v
0	204120
1%	108755
2%	67420
5%	25130

Führt man entsprechende Untersuchungen für die anderen Chancen durch, so gelangt man zu prinzipiell ähnlichen Ergebnissen.

Die Erkenntnisse und Schlußfolgerungen, die sich aus den Untersuchungsergebnissen ergeben, können folgendermaßen umrissen werden:

▷ Der Erwartungswert des Spielresultats für jeden Coup ist ein Verlust. Im statistischen Durchschnitt wird also von jedem Einsatz ein gewisser Prozentsatz verloren. Dieser Prozentsatz ist bei den Einfachen Chancen ca. 1,35% (entsprechend 1/74) und bei den anderen Chancen ca. 2,7% (entsprechend 1/37).

▷ Der Erwartungswert des Gesamtverlustes beträgt infolgedessen bei einem gleichbleibenden Einsatz S über N Coups 0,0135SN für Einfache Chancen und 0,027SN für die mehrfachen Chancen. Setzt man für Plein im Gewinnfall einen Obolus für die Angestellten in der Höhe eines Einsatzes voraus und interpretiert diese Gewinnabgabe als Verlust, so verdoppelt sich für Plein der Erwartungswert des Gesamtverlustes auf 0,054SN.

Zur Quantifizierung dieser Verlusterwartung werde als Beispiel S = DM 10,− und N = 10000 gewählt. Dann beträgt die Verlusterwartung DM 1350,− für Einfache Chancen, DM 5400,− für Plein und DM 2700,− für die anderen Chancen.

▷ Der Gesamtverlust kann bei ausreichend großer Anzahl N von Coups als quasi normalverteilte Zufallsgröße aufgefaßt werden mit den in den vorangegangenen Abschnitten genannten Erwartungswerten (erster Ordnung) und den für die einzelnen Chancen unterschiedlich großen Standardabweichungen, die jedoch grundsätzlich proportional $S\sqrt{N}$ sind. Diese Standardabweichungen sind in Tabelle 14 angegeben. Da der Erwartungswert des Gesamtverlustes proportional N und die Standardabweichung proportional $\sqrt{N}$ ist, verringert sich die relative Streuung des Gesamtverlustes mit wachsendem N. Während bei einer geringen Anzahl N von Coups aufgrund des noch großen Verhältnisses von Standardabweichung zu Erwartungswert entsprechend Diagramm 5 gewisse − wenn auch geringe − Aussichten für Gesamtgewinne bestehen, verringert sich diese Gewinnwahrscheinlichkeit mit wachsendem N stetig. Für N = N_v, siehe Tabelle 14, ist es schließlich nahezu sicher, daß kein Gesamtgewinn erzielt wurde. Infolge der relativ größten Standardabweichung des Gesamtverlustes ist N_v für die Cheval-Chance mit ca. 200000 am größten. Der kleinste Wert von N_v ergibt sich für die Kolonne oder das Dutzend mit ca. 24000.

▷ Als Quintessenz der erläuterten Zusammenhänge sei herausgestellt, daß kein Masse égale-Spieler über längere Spielstrecken in der Lage ist, Gesamtgewinne zu erzielen.

Spätestens nach einer Anzahl von Coups in der Größenordnung von N_v wird sich seine Gesamtbilanz in der Verlustzone bewegen. Viel wahrscheinlicher ist jedoch, daß die Gesamtbilanz von Anfang an defizitär ist und ungefähr dem Erwartungswert des Gesamtverlustes folgt. Spieler, die über längere Zeiträume mit gleichbleibendem Einsatz operieren, befinden sich also im Irrtum, wenn sie meinen, auf diese Weise in der Gesamtabrechnung Gewinne ausweisen zu können. Im Prinzip ist hierbei gar nicht erheblich, daß die Einsätze für bestimmte Chancen wirklich konstant gehalten werden. Solange kein konsequentes Progressionsspiel betrieben wird und nur gewisse willkürliche Variationen der Satzhöhe vorgenommen werden, kann auch hierfür ein Verlusterwartungswert in der Weise bestimmt werden, daß beispielsweise für Einfache Chancen die Summe aller getätigten Einsätze durch 74 geteilt wird. Diese Berechnungsweise bedeutet nichts anderes, als daß zur Bestimmung der Verlusterwartung NS/74 für den Einsatz S der arithmetische Mittelwert aller getätigten Einsätze herangezogen wird. Zwar wird die Streuung, d.h. die Standardabweichung des Gesamtverlustes größer als bei wirklich konstant gehaltenem Einsatz S, jedoch ändert sich nichts an der Verlusterwartung an sich.

In diesem Zusammenhang sei auch festgestellt, daß eine größere Standardabweichung des Gesamtverlustes durchaus keinen prinzipiellen Vorteil für den Roulettespieler darstellt: Der Verlust kann vom Erwartungswert ja sowohl in Richtung geringerer als auch höherer Verluste abweichen, je nachdem, wie es das individuelle Glück oder Mißgeschick des Spielers mit sich bringt.

▷ Da die meisten Roulettespieler im Sinne des vorangegangenen Abschnittes quasi Masse égale-Spieler sind, repräsentieren diese das Publikum, das den Spielbanken nahezu fixe Einnahmen garantiert. Der Erwartungswert dieser Einnahmen ist mit der Summe der Verlusterwartungen aller Spieler identisch. Mit anderen Worten:

Der Erwartungswert der Spielerträge, den die Spielbanken kassieren, gleicht einem Anteil von 1,35% aller in dem jeweils betrachteten Zeitraum für die Einfachen Chancen plus 2,7% aller für die mehrfachen Chancen getätigten Einsätze.

Die „Zerosteuer"

In vielen Publikationen über Roulette werden die im vorangegangenen Kapitel „Das Masse égale-Spiel" ermittelten Verlustraten auf die sogenannte „Bankzahl Zero" zurückgeführt und als „Zerotribut" oder „Zerosteuer" bezeichnet. Obgleich diese Betrachtungsweise entsprechend den nachfolgenden Erörterungen problematisch ist, wird der Begriff „Zerosteuer" auch im vorliegenden Buch an einigen Stellen benutzt werden, um den Sachverhalt des statistisch mittleren Spielbankgewinnes pro Einsatz zu kennzeichnen. Näher betrachtet wird allerdings deutlich, daß diese Spielerträge der Bank nicht auf der Existenz einer Zero unter den 37 Roulettezahlen, sondern auf dem Auszahlungsmodus der Spielbank im Gewinnfall basieren. Die Auszahlungsquote $(36/c-1)S$ für die Satzhöhe S und die Chancengröße c würde dem Risiko des Spielers eigentlich nur dann gerecht, wenn lediglich 36 Roulettezahlen existieren würden. Andererseits wäre in Anbetracht der tatsächlich vorhandenen 37 Roulettezahlen eine Auszahlungsquote von $(37/c-1)S$ erforderlich, um den Spieler im Sinne einer langfristig ausgeglichenen Gewinn/Verlust-Bilanz absolut fair zu bedienen. Allerdings würden sich dann die zu erwartenden Spielerträge der Bank ebenfalls auf null belaufen. Da diese Konsequenz nicht unternehmerische Absicht der staatlich konzessionierten Spielbanken sein kann, ist ihnen gestattet, $1/37=2,7\%$ aller Spieltischauflagen für Staat und Konzessionäre als Spielerträge zu kassieren. Diese Spielerträge beruhen auf dem aktuellen Gewinnauszahlungsmodus. Lediglich hinsichtlich der Einfachen Chancen wird dem Spieler eine etwas mildere Behandlung zuteil: Er verliert im statistischen Durchschnitt „nur" $1/74=1,35\%$ seines Ein-

satzes auf dieser Chancenart. Immerhin bedeutet diese Besserbehandlung eine halb so große Verlusterwartung wie für die höheren Chancen.

Merkwürdigerweise sind sich nur wenige Spieler dieses Vorteils bewußt: Der statistisch betrachtet geringere Teil aller Spieltischauflagen wird wohl für die Einfachen Chancen getätigt.

Abgesehen von der Unkenntnis der meisten Spieler hinsichtlich der erörterten Zusammenhänge beruht diese Tatsache vermutlich auch darauf, daß das Spiel auf die höheren Chancen vielen Spielern als reizvoller und spannender erscheinen mag, da die einzelnen Gewinnauszahlungsquoten größer sind.

Bei Einfachen Chancen, Kolonne, Dutzend und den Transversalen erscheint der Begriff „Zerosteuer" eher gerechtfertigt zu sein als bei den anderen Chancenarten, da Zero in keinem der Chancenteile inbegriffen ist. Die Gewinnauszahlungsquote bezieht sich quasi auf die in den Chancenteilen enthaltenen 36 Roulettezahlen unter Ausschluß von Zero. Mit jedem Erscheinen von Zero wird der Spielbank gewissermaßen Tribut gezollt.

Die den verschiedenen Chancen zugeordnete „Zerosteuer", nämlich der Erwartungswert der Verlustrate, wurde im vorangegangenen Kapitel ermittelt und erörtert. Die Verlustrate von $1/74=1,35\%$ für Einfache Chancen basierte auf der Voraussetzung, daß nach einem Zerocoup und Sperrung des Einsatzes die Hälfte des Einsatzes auf Wunsch des Spielers ausbezahlt wird. Eine solche Auszahlung am Spieltisch erfolgt jedoch in Jetons und ist deshalb nur möglich, wenn der Einsatz ent-

sprechend teilbar ist Die bei weitem häufige-
re Praxis der Spieler ist aber, jeweils so viele
Coups abzuwarten, bis der gesperrte Einsatz
entweder verfällt oder aus der Sperrung gelangt. Beispielsweise bei der originären Martingale (→ 72ff.) ist diese Vorgehensweise oh-
nehin erforderlich, um das Progressionsspiel
richtig durchführen zu können. Im Anhang B
sind die dem einzelnen Einsatz zugeordneten
Wahrscheinlichkeiten p_+ und p_- eines Satzgewinnes bzw. -verlustes sowie die Erwartungswerte $E\{L_+\}$ und $E\{L_-\}$ der Anzahl von
Coups pro Satzgewinn bzw. -verlust berechnet. Der mit den dort angegebenen Zahlenwerten resultierende Erwartungswert der
Zerosteuer – mit dem Index 0 für die Verlustrate v besonders hervorgehoben – beträgt

$$E\{v_0\}/S = \frac{1-2p_+}{p_+L_+ + p_-L_-} = 0{,}01332405.$$

Mit ca. 1,33% ist diese Verlustrate etwas geringer als 1,35%. Dieses liegt einfach daran,
daß infolge des Abwartens im Sperrungsfall –
der gesperrte Einsatz ist dann ja jeweils nur
noch etwa die Hälfte bzw. ein Viertel wert –
die statistisch mittlere Satzhöhe proportional,
d.h. im Verhältnis 1,33:1,35 vermindert ist.

Die bekannten Werte der „Zerosteuer" und
die recherchierbaren Erlöse der Spielbanken[1]
ermöglichen eine Schätzung des mutmaßlichen Bruttoeinsatzes, d.h. der Summe aller
Spieltischauflagen für Roulette:

Im Jahre 1981 beispielsweise belief sich der
Gesamtspielertrag aller 27 bundesdeutschen
Spielbanken auf 425 Millionen Mark für das
Große Spiel. Bei einem Anteil von ca. 90%
betrug der Spielertrag für Roulette ungefähr
383 Millionen Mark. Da über den relativen

Anteil der Spieltischauflagen für die Einfachen Chancen keine gesicherten statistischen
Angaben vorliegen, werde ein Variationsbe-
reich (q) von 1/3 bis 1/2 in Betracht gezogen.
Dann ergibt sich ein Toleranzbereich der effektiven „Zerosteuer" (q/74+(1−q)/37) von
ca. 2% bis 2,3%. Mit diesen Werten betrug
die mutmaßliche Summe aller Spieltischauflagen im Jahre 1981 minimal (38,3/2,3=) 16,7
und maximal (38,3/2=) 19,2 Milliarden Mark.
Das arithmetische Mittel beider Werte liegt
bei 18 Milliarden Mark. Unter Berücksichtigung der Zuwachsrate (ca. 7%) des Gesamt-
spielertrags für Roulette ergab sich im Jahr
1982 als mutmaßliche Größenordnung aller
Spieltischauflagen 19 Milliarden Mark.

Für die aktuellere Situation im Jahr 1998 – zeitlich näher
an der 5. Auflage von „Roulette" – ergibt sich bei einer
auf 38 angewachsenen Anzahl der deutschen Spielbanken und einer mutmaßlichen Größenordnung des Rou-
lette-Bruttospielertrages von 750 Millionen Mark eine
mutmaßliche Größenordnung aller Spieltischauflagen
von 35 Milliarden Mark.

In manchen Publikationen über Roulette
werden wesentlich höhere Werte der relativen
Spielbankgewinne für Roulette als 2...2,3%
angegeben. Abenteuerliche Schätzungen gehen bis 20%. Aber auch beispielsweise 3,5%
nach [13] ist mathematisch völlig unhaltbar.
Unter der Voraussetzung, daß die Troncab-
gaben nicht in die Rechnung einbezogen werden, kann sich der Erwartungswert der relativen Spielerträge der Banken ja nur zwischen
den beiden Grenzwerten 1,35%, falls die
Spieltischauflagen für mehrfache Chancen äußerst gering wären, und 2,7%, falls dies für
die Einfachen Chancen der Fall wäre, bewegen. Aufgrund der immensen Summe aller
Spieltischauflagen kann überdies die mögliche
Streuung der effektiven „Zerosteuer" hinsichtlich der Gesamtzahl aller Spielbanken bei
vorgegebener relativer Aufteilung der Spiel-
einsätze für die beiden Chancenkategorien
vernachlässigt werden.

[1] Die Spielbankabgaben in der Höhe von 80% der Spielerträge sind in den Haushaltsplänen der Bundesländer
spezifiziert und können bei den zuständigen Finanzbe-
hörden in Erfahrung gebracht werden. Eine weitere In-
formationsquelle: „Archiv- und Informationsstelle der
deutschen Lotto- und Toto-Unternehmen".

Progressionsspiele

Bei einem Progressionsspiel richtet sich die jeweilige Satzhöhe nach den vorangegangenen Coupergebnissen. Progressionsspiele, bei welchen Satzerhöhungen mittel- oder unmittelbar nach Verlustcoups vorgenommen werden, können als Progressionen im Verlustfall oder kürzer „Verlustprogressionen" bezeichnet werden. Im Gegensatz hierzu erfolgen bei Progressionen im Gewinnfall oder „Gewinnprogressionen" Satzerhöhungen nach „Treffern", d.h. Gewinncoups.

Auf der Grundlage dieser beiden Progressionsprinzipien kann eine Fülle von Progressionsarten und -varianten konzipiert und konstruiert werden. Und in der Tat existiert eine große Vielfalt publizierter und bekannter Progressionsarten. Für keine dieser Progressionen läßt sich allerdings unter der Voraussetzung unlimitierten Spiels, d.h. einer beliebig langen Spielstrecke der mathematische Nachweis der sogenannten „Überlegenheit" erbringen. Im Gegenteil, in der mathematischen Erwartung sind alle Progressionsspiele defizitär, d.h. zumindest auf lange Sicht überwiegt die Wahrscheinlichkeit von Saldoverlusten gegenüber -gewinnen. Dieser Sachverhalt basiert im Prinzip darauf, daß infolge der „Zerosteuer" (→62, 63) der Erwartungswert des Spielresultats für jeden einzelnen Einsatz ein prozentual festliegender Verlust ist. Die Addition vieler Einsätze, von denen jeder einzelne in der mathematischen Erwartung defizitär ist, kann infolgedessen in der mathematischen Erwartung nicht zu einem Gewinn führen (→19, Gl. 7). Hieran ändert natürlich auch die bei Progressionsspielen variierende Satzhöhe nichts. Im Gegenteil, vergleicht man eine mit gleichbleibender Satzhöhe S durchgeführte Spielweise, das sogenannte Masse égale-Spiel, mit einem Progressionsspiel, dessen minimale Satzhöhe S gleicht, so kann die Verlusterwartung dieses Progressionsspiels nur größer als die Verlusterwartung des Masse égale-Spiels sein, da die „Zerosteuer" sich auf einen statistischen Mittelwert der Satzhöhe bezieht, der größer als S ist.

Es existieren allerdings zwei Sachverhalte, die eine wesentliche Ursache der großen Anhängerschaft von Progressionsspielen unter Roulettespielern darstellen:

- Der Streubereich des Spielresultats gegenüber dem mathematischen Erwartungswert ist erheblich größer als beim Masse égale-Spiel. Hierdurch können Glückspilze beträchtliche Anfangsgewinne buchen, die erst nach längeren Spielstrecken in Verluste umschlagen.

- In der Mehrzahl aller Fälle werden mit Verlustprogressionen zunächst Saldogewinne erzielt (→73ff.). Bei vorsichtiger Satzsteigerungstechnik sind die pro Partie gewonnenen Beträge zwar verhältnismäßig gering, kumulieren im Verlauf vieler Spielbankbesuche jedoch zu stattlichen Summen. Mit wachsender Spielstrecke vergrößert sich allerdings die Gefahr von Platzern. (Genauer: Das Gesamtrisiko eines Platzers nimmt mit wachsender Spielstrecke zu.) Das Umschlagen des Anfangstrends und der Absturz in die Verlustzone erfolgen meist sehr abrupt durch ungünstige Permanenzen verbunden mit einem lawinenartigen Anwachsen von Satzhöhe und Kapitaleinsatz.

Im folgenden sollen einige der bekannteren Progressionsmethoden präsentiert und erläutert werden. Eine Kommentierung bezüglich

Wert oder Unwert der einzelnen Methoden wird nur teilweise und dann mit größerer Zurückhaltung vorgenommen. Eine ins Detail gehende mathematische Analyse verschiedener Progressionsmethoden erfolgt in den anschließenden Kapiteln.

Die einfache Martingale[1]

Die Martingale ist eine Verlustprogression, d.h. ein Progressionsspiel, bei dem die Satzhöhe nach Verlustcoups gesteigert wird. In der originären Form wird die Martingale beim Bespielen von Einfachen Chancen praktiziert. Die dabei angewandte Satzprogression ist sehr steil:

Es wird mit einem Grundeinsatz geringer Höhe begonnen. Nach einem Treffer wird diese Satzhöhe wiederholt. Anderenfalls, d.h. nach einem Verlustcoup, wird die Satzhöhe verdoppelt. Solche Satzverdoppelungen werden so häufig vorgenommen, bis der erste Treffer erfolgt. Danach kehrt man wieder zu dem Grundeinsatz zurück, um gegebenenfalls, d.h. nach einem Verlustcoup, den nächsten Progressionslauf zu beginnen.

Bezeichnet man mit 1 die Höhe des Grundeinsatzes, so gilt also folgendes Progressionsschema:

$$1-2-4-8-16-32-64-128-256-512-1024$$

Ist die Satzeinheit 1 mit dem Spieltischminimum identisch, so kann – dem angegebenen Progressionsschema gemäß – der Einsatz höchstens zehnmal verdoppelt werden, da das Spieltischmaximum stets unterhalb vom 2048-fachen Minimum liegt.

Jeder Progressionslauf, der mit einem Treffer abgeschlossen werden kann, führt zum Gewinn einer Satzeinheit. Werden viele Progressionsläufe entsprechend erfolgreich durchgeführt, so resultiert über die zugeordnete lange Spielstrecke eine mittlere Gewinnrate von annähernd einer halben Satzeinheit pro Coup.

Bei einem Progressionslauf mit beispielsweise vier Satzverdoppelungen ergibt sich folgende Bilanz:

$$-1-2-4-8+16 = +1.$$

Mit jeder anderen Anzahl von Satzverdoppelungen ergibt sich das gleiche Resultat. Mit dem abschließenden Treffer wird also nicht nur eine vollständige Tilgung der vorangegangenen Verluste, sondern, wie erwähnt, auch ein Überschuß von einer Satzeinheit erzielt.

Die Supermartingale

Noch steiler als bei der einfachen Martingale ist das Progressionsschema der Supermartingale:

$$1-3-7-15-31-63-127-255-511-1023.$$

Die jeweils nächste gesteigerte Satzhöhe ergibt sich also aus der vorhergehenden durch Verdoppelung und Addition einer weiteren Satzeinheit.

Entsprechend dem angegebenen Progressionsschema sind höchstens neun Satzsteigerungen möglich. Mit jedem erfolgreichen Progressionslauf werden im statistischen Mittel annähernd zwei Satzeinheiten gewonnen. Hieraus resultiert auf der platzerfreien Spielstrecke eine mittlere Gewinnrate von ungefähr einer Satzeinheit pro Coup.

---

[1] Näheres siehe Kapitel „Die Martingale und ihre Varianten"

Die gedehnte Martingale für höhere Chancen

Wie sich aus den vorangegangenen Erläuterungen ergibt, besteht das Martingale-Prinzip darin, nach Verlustcoups die Satzhöhe jeweils um ein solches Maß zu vergrößern, daß mit einem Treffer die vorangegangenen Verluste getilgt werden und ein geringer Gewinn erzielt wird. Bei der einfachen Martingale entspricht dieser Gewinn einer Satzeinheit. Bei der Supermartingale nimmt der Gewinn linear mit der Anzahl von Satzsteigerungen zu.

Das Martingale-Prinzip ist auch auf höhere Chancen anwendbar: Die Steigerung der Satzhöhe wird dann nicht nach jedem Verlustcoup, sondern in Etappen vorgenommen. Hierbei wird die Satzhöhe jeweils so lange beibehalten, wie ein Treffer eine vollständige Verlusttilgung und einen geringen Überschuß bewirkt. Beim Spiel auf die Plein-Chance kann beispielsweise nach folgender Progressionsstaffel verfahren werden:

```
35 Einsätze á 1 Einheit,
18 Einsätze á 2 Einheiten,
12 Einsätze á 3 Einheiten,
 9 Einsätze á 4 Einheiten,
 7 Einsätze á 5 Einheiten usw.
```

Die amerikanische Martingale[2]

Das lineare Progressionsschema der amerikanischen Martingale ist:

$$1 - 2 - 3 - 4 - 5 - 6 - ...$$

---

[2] Näheres siehe Kapitel „Die Martingale und ihre Varianten"

Die jeweils nächste gesteigerte Satzhöhe ergibt sich also aus der vorhergehenden durch Addition einer Satzeinheit. Diese Progressionsart ist vergleichsweise flach und führt nach mehr als zwei Satzsteigerungen auch nicht zu einer vollständigen Tilgung der vorher aufgelaufenen Verluste. Die amerikanische Martingale kann deshalb nur insofern als eine Variante der originären Martingale betrachtet werden, als jeder Progressionslauf mit einem Treffer abgeschlossen und anschließend die Satzhöhe für den nächsten Progressionslauf auf die Höhe des Grundeinsatzes 1 zurückgenommen wird.

Mit der amerikanischen Martingale sind Gesamtgewinne nur über kürzere Spielstrekken unterhalb von ca. 1000 Coups zu erwarten, solange keine Verlustcoupserie mehr als 10 Verlustcoups umfaßt.

Die Whittacker-Progression

Die Strategie der Whittacker-Progression besteht darin, nach Verlustcoups mit einer vergleichsweise geringeren Anzahl von Treffern eine Verlusttilgung zu erzielen. Während bei der originären Martingale das Verlustsaldo jedes Progressionslaufes mit einem einzelnen Treffer ausgeglichen wird, sind hierfür bei der weniger steilen Whittacker-Progression im allgemeinen mehrere Treffer erforderlich.

Das Progressionsschema der Whittacker-Progression ist für Einfache Chancen:

$$1 - 2 - 3 - 5 - 8 - 13 - 21 - ...$$

Die jeweils nächste gesteigerte Satzhöhe ergibt sich also als Summe der beiden vorangegangenen Satzhöhen. Deshalb tilgt nach Verlustcoups ein Treffer jeweils die beiden letzten Verluste, so daß anschließend um zwei Satzstufen degressiert werden kann.

Bei einer weniger steilen Variante der Whittacker-Progression wird jeweils die Hälfte der gesamten Verluste gesetzt. Bei ungeraden Verlustsummen wird nach oben aufgerundet. Die untersten drei Satzhöhen sind auf 1 – 2 – 3 festgelegt. Das resultierende Progressionsschema ist:

1 – 2 – 3 – 3 – 5 – 7 – 11 – ...

Die Aufteilung auf mehrere Chancenteile

Bei Verlustprogressionen kann durch Splitten des Einsatzes auf mehrere Chancenteile die Gefahr einer rasch wachsenden Satzhöhe und somit eines Platzers verringert werden. Diese Methode wird im allgemeinen angewendet, wenn im Verlauf einer Verlustprogression durch Verlustcoupserien oder hohe Minusecarts des bespielten Chancenteils ein höherer Verluststand erreicht worden ist. Der Spieler macht sich durch diese Satzaufteilung die Tatsache zunutze, daß die Verbundwahrscheinlichkeit des gleichzeitigen Satzverlustes auf mehreren Chancenteilen geringer als die Einzelwahrscheinlichkeit eines Satzverlustes auf einem Teil der bespielten Chance ist. Allerdings verringert sich auch die Wahrscheinlichkeit eines gleichzeitigen Gewinnes auf den bespielten Chancenteilen und somit einer raschen Tilgung der aufgelaufenen Verluste.

Eine Möglichkeit der Satzaufteilung ist die Drittelung. Wird beispielsweise zunächst auf einem Teil der Einfachen Chancen gespielt und ein gewisser Verluststand erreicht, so kann die nächste gesteigerte Satzhöhe in etwa drei gleich große Teile aufgeteilt werden und auf drei Chancenteilen beispielsweise Rot, Impair, Manque plaziert werden. Die Festlegung der folgenden Gesamtsatzhöhe erfolgt dann unter Berücksichtigung des Coupresultats und der angewandten Progressionsmethode. Bei der einfachen Martingale beispielsweise entspricht diese Satzhöhe, falls nicht auf allen Chancenteilen gleichzeitig gewonnen wurde, dem Verluststand des aktuellen Progressionslaufes plus einer Satzeinheit.

Die d'Alembert-Progression[3]

Die d'Alembert ist eine Verlustprogression für Spiel auf Einfachen Chancen, bei welcher die Satzhöhe nach jedem Verlustcoup um eine Einheit erhöht und nach jedem Treffer um eine Einheit erniedrigt wird. Ist die Permanenz ausgeglichen, d.h. sind auf der Spielstrecke Chance und Gegenchance mit gleicher Häufigkeit vorgekommen und keine Zerocoups aufgetreten, so ist eine mittlere Gewinnrate von einer halben Satzeinheit pro Coup zu erwarten. Das Erscheinen von Zero reduziert diese Rendite allerdings, und zwar um so mehr, je größer die mittlere Satzhöhe ist. Oberhalb einer mittleren Satzhöhe von 37 Einheiten sind Verluste zu erwarten.

Das Prinzip der d'Alembert kann durch Staffelung der Satzhöhe auch auf höhere Chancen angewendet werden.

Die Contre d'Alembert

Die Contre d'Alembert ist eine Gewinnprogression, d.h. Satzerhöhungen werden nach Treffern, Satzverringerungen werden nach Verlustcoups vorgenommen. Die Contre d'Alembert wird gewissermaßen umgekehrt wie die d'Alembert gespielt: Nach einem Ver-

---

[3] Näheres siehe Kapitel „Die d'Alembert-Progression"

lustcoup wird die Satzhöhe um eine Einheit zurückgenommen, nach einem Treffer wird um eine Einheit erhöht. Einen gewissen Sinn macht diese Progressionstechnik allerdings nur dann, wenn lediglich so lange progressiert wird, bis mit einem letzten Treffer die vorher aufgelaufenen Verluste entweder ausgeglichen werden oder ein geringer Überschuß erzielt wird, um das Spiel dann mit einer niedrigeren Satzhöhe fortzusetzen.

Einer mathematischen Analyse hält die Strategie von Gewinnprogressionen allerdings in keiner Weise stand[4].

Die Wells-Progression

Die Wells-Progression entspricht der d'Alembert mit folgenden Zusatzvereinbarungen:

- Die Anfangssatzhöhe umfaßt 10 Satzeinheiten.
- Beim Erreichen einer Satzhöhe von 1 oder 19 Einheiten wird das Spiel neu begonnen, also mit einer Satzhöhe von 10 Einheiten fortgesetzt.

Die Pluscoupsteigerung

Die Pluscoupsteigerung ist eine Gewinnprogression mit flacher Satzsteigerung. Die Anfangssatzhöhe ist eine Satzeinheit. Diese Satzhöhe wird um eine Einheit vergrößert, wenn nach einem Treffer noch Verluste vorhanden sind. Falls der nächste Treffer keine Verlusttilgung bewirkt, wird die Satzhöhe auf drei Einheiten vergrößert usw. Nach Erzielung eines Überschusses kann die Satzhöhe reduziert werden. Bei vorsichtiger Spielweise beginnt man wieder mit einer Satzeinheit.

---

[4] Näheres siehe Kapitel „Gewinnprogressionen"

Die Guetting-Progression[5]

Bei der Guetting-Progression werden Satzerhöhungen nach Gewinncoups auf der Grundlage des folgenden Progressionsschemas vorgenommen:

1. Satzstufe	2
2. Satzstufe	3 – 4 – 6
3. Satzstufe	8 – 12 – 16
4. Satzstufe	20 – 30 – 40

Nach zweimaligem Gewinn auf einer der angegebenen Satzhöhen wird zur nächstgrößeren Satzhöhe progressiert. Erfolgt dann ein Satzverlust, so wird die Satzhöhe auf das erste Glied der nächstniedrigen Satzstufe zurückgenommen. Erfolgt nach Vergrößerung der Satzhöhe zunächst ein Treffer und dann ein Verlustcoup, so wird die Satzhöhe beibehalten und wiederum versucht, mit dieser Satzhöhe zweimal zu gewinnen.

Die Strategie der Guetting-Progression besteht darin, jeden Progressionslauf mit einem Überschuß abzuschließen. Diese Zielsetzung wird auch erreicht, wie sich leicht nachprüfen läßt. Die mathematische Analyse zeigt jedoch, daß sich hierdurch die Perspektiven für einen Gesamtgewinn über längere Spielstrecken gegenüber einem Spiel mit gleichbleibendem Einsatz durchaus nicht verbessern, sondern verschlechtern. Dieser Sachverhalt gilt für jede andere Gewinnprogression in gleicher Weise.[6]

---

[5] Näheres siehe Kapitel „Die Guetting-Progression"
[6] Näheres siehe Kapitel „Gewinnprogressionen"

Die Holländische Progression (Hollandaise)

Die Hollandaise ist eine Verlustprogression für Spiel auf Einfachen Chancen nach dem Prinzip der Stellentilgung. Das Progressionsschema ist:

$$1 - 3 - 5 - 7 - ...$$

Das Spiel wird zunächst mit einer Satzeinheit bis zum ersten Treffer durchgeführt. Sind bis zu diesem Zeitpunkt Saldoverluste zu verzeichnen, so wird die Satzhöhe auf drei Einheiten angehoben. Jeder Treffer mit dieser Satzhöhe wird nun jeweils einem noch nicht getilgten Verlust der Satzhöhe 1 gegengerechnet und mit diesem abgestrichen. Sind auf diese Weise alle überzähligen Verluste der Satzhöhe 1 gestrichen und noch Verlustcoups der Satzhöhe 3 aufgetreten, so wird die Satzhöhe auf fünf Einheiten angehoben, und durch Treffer mit dieser Satzhöhe wird jeweils ein Verlustcoup der Satzhöhe 3 gestrichen usw. Der Progressionslauf wird abgeschlossen, wenn alle Verlustcoups gestrichen sind. Es sind dann N−2 Satzeinheiten gewonnen worden, wobei N die Gesamtzahl von Treffern und Verlustcoups darstellt.

Da der erfolgreiche Abschluß eine ausgeglichene Anzahl N/2 von Treffern und Verlustcoups voraussetzt, ist dieses Progressionsspiel äußerst problematisch. Solange Minusecarts der bespielten Chancenteile und/oder nicht gedeckte Zeroverluste zu verzeichnen sind, können ja nicht alle Verlustcoups gestrichen werden. Daß nach längeren Progressionsläufen ein Überschuß kurz vor Erreichen einer vollständigen Stellentilgung erzielt und die Progression etwas früher mit einem entsprechend geringeren Gewinn als N−2 Satzeinheiten abgebrochen werden kann, verringert das Risiko eines sehr hohen Gesamtverlustes nur unwesentlich.

Die Progression Deance[7]

Die Progression Deance ist eine Verlustprogression für Spiel auf Einfachen Chancen nach dem Prinzip der Stellentilgung.

Der Spieler beabsichtigt mit einem Progressionslauf vier Satzeinheiten zu gewinnen, die er beispielsweise untereinander schreibt:

$$1$$
$$1$$
$$1$$
$$1$$

Diese vier Stücke können als scheinbarer Verlust aufgefaßt werden, der getilgt werden soll. Nach einer Tilgung sind dann in Wirklichkeit vier Satzeinheiten gewonnen worden. Es wird zunächst eine Satzeinheit gesetzt. Erfolgt ein Treffer, so wird die obere Ziffer 1 gestrichen. Erfolgen Verlustcoups, so wird von unten nach oben jeweils eine 1 addiert. Sind in der Zahlenspalte schließlich nur noch Ziffern 2 enthalten, so werden jeweils zwei Einheiten gesetzt und bei Verlust auf zwei Ziffern aufgeteilt. Sind nach entsprechenden Verlusten schließlich nur noch Ziffern 3 vorhanden, so wird mit einer Satzhöhe von 3 weitergespielt usw. Zur Verdeutlichung der Vorgehensweise werde ein Spielbeispiel präsentiert. In diesem Beispiel bezeichnet + einen Treffer und − einen Verlustcoup:

---

[7] Näheres siehe Kapitel „Die Progression Deance oder Mehrfachmartingale"

Satzhöhe

```
1 1 1 1 2 2 2 2 2 3 3 3 3 3 4 4 5 5
+ − + − + − − − + + − − − − + + + +
✗         2 2 3 ✗     3 3 4 ✗
1 1 1 ✗ 2 ✗ 2 2 2 3 ✗ 3 3 4 4 4 ✗
1 1 2 2 2 2 2 2 3 3 3 3 3 4 5 5 5 ✗
1 2 2 2 2 2 2 2 3 3 3 3 3 4 5 5 5 5 ✗
```

Man erkennt, daß eine Stellentilgung erfolgt ist, obgleich Verlustcoups häufiger als Treffer vorgekommen sind. Allerdings ist auch dieses Progressionsspiel äußerst problematisch, da mit größeren Minusecarts und Zeroverlusten die Satzhöhe lawinenartig ansteigen kann und einen enormen Kapitaleinsatz erforderlich macht. Dieser Tendenz läßt sich zwar durch Aufteilung der Verluste auf mehr als vier Teilbeträge entgegenwirken, doch die mögliche Stellentilgung kann hierdurch verzögert werden oder sogar ganz scheitern.

Die Amerikanische Abstreichprogression

(Labouchère)

Die Amerikanische Abstreichprogression ist eine Verlustprogression für Spiel auf Einfachen Chancen nach dem Prinzip der Stellentilgung. Der Spieler beabsichtigt mit einer Partie zehn Satzeinheiten zu gewinnen. Es werden die Zahlen 1 bis 4 beispielsweise untereinander aufgeschrieben:

```
1
2
3
4
```

Die Summe, nämlich zehn Satzeinheiten, kann als scheinbarer Verlust aufgefaßt wer-

den, der getilgt werden soll. Nach einer Tilgung ist dann in Wirklichkeit ein Gewinn von zehn Satzeinheiten erzielt worden. Jeweilige Satzhöhe ist die Summe aus der kleinsten und größten Zahl. Infolgedessen werden zunächst fünf Satzeinheiten gesetzt. Nach einem Treffer werden die Ziffern 1 und 4 gestrichen und 2+3=5 Satzeinheiten gesetzt. Wird auch dieser Satz gewonnen, so ist die Partie erfolgreich abgeschlossen. Nach einem Verlustcoup wird hingegen die verlorene Satzhöhe unten angetragen. Die nächste Satzhöhe entspricht dann der Summe aus dieser Satzhöhe und der geringsten noch nicht gestrichenen Satzhöhe.

Zur Verdeutlichung der Vorgehensweise werde ein Spielbeispiel präsentiert. In diesem Beispiel bezeichnet + einen Treffer und − einen Verlustcoup:

Satzhöhe

```
└ 5  5  7  9  11  10  13  16  19  18  17
  +  −  −  +  −   −   −   +   +   +
  ✗  2  2  2  ✗   3   3   3   ✗   ✗   ✗
  2  3  3  3  3   5   5   5   5   7   ✗(10)
  3  5  5  5  5   7   7   7   7   10
  ✗  7  7  7  10  10  10  10  ✗(13)
        9  ✗          13  13  13
                          16  ✗(16)
```

Man erkennt, daß für eine vollständige Stellentilgung eine geringere Anzahl n_+ von Treffern als von Verlustcoups n_- erforderlich ist, nämlich $n_+ = 2 + \text{int}(n_-/2+1/2)$. In dieser Formel stellt int( ) die größte im Klammerausdruck enthaltene ganze Zahl dar. Bei einer längeren Partie ist infolgedessen $n_+ \approx n_-/2$, d.h. es werden nur ungefähr halb so viele Treffer wie Verlustcoups für eine vollständige Stellentilgung benötigt. Allerdings ist auch dieses Progressionsspiel sehr problematisch, da mit wachsender für eine Partie erforderlicher Spielstrecke die Satzhöhe steil ansteigt.

Parolispiele

Parolispiele sind Gewinnprogressionen, die in der Rouletteliteratur auch als „Progressionen mit dem Geld der Bank" bezeichnet werden. Die simpelste Methode des Parolispiels auf Einfachen Chancen ist das Stehenlassen von Einsatz und Gewinn nach einem Treffer[8]. Im Prinzip kann dieser Vorgang innerhalb einer Trefferserie so häufig wiederholt werden, bis das Spieltischmaximum überschritten wird. Dies ist spätestens nach dem elften Treffer der Fall. Der Spieler hat dann 2047 Stücke gewonnen, und es kann ihm attestiert werden, daß er über sehr gute Nerven verfügt.

Überlagerungen

Werden zwei Progressionsarten gewissermaßen ineinander verschachtelt, so handelt es sich um eine sogenannte Überlagerung. Bei der „Progression Surtout" werden beispielsweise Martingale und d'Alembert überlagert:

Die Satzstufen der d'Alembert werden durch Staffeln aus jeweils drei Gliedern der Martingale, nämlich $1-2-3$, $2-4-8$, $4-8-16$ usw. realisiert. Die der aktuellen Satzstufe zugeordnete dreigliedrige Martingale wird jeweils so häufig ausgeführt, bis die Verluste, die auf der nächstniedrigen Satzstufe entstanden sind, ausgeglichen sind oder bis ein Verlust auf dieser Satzstufe entstanden ist und zur nächsthöheren Satzstufe progressiert wird.

Differenzspiele

Bei Differenzspielen werden beide Teile einer Einfachen Chance gleichzeitig bespielt und jeweils nur die Differenz der erforderlichen Satzhöhen plaziert. Hierdurch sollen die Gesamtsatzhöhe und infolgedessen die Zeroverluste reduziert werden. Solche Differenzspiele können natürlich im Prinzip auch auf höheren Chancen, beispielsweise Kolonne oder Dutzend durchgeführt werden.

---

[8] Näheres siehe Kapitel „Das Parolispiel"

Die Martingale
und ihre Varianten

Die Martingale ist ein Progressionsspiel auf Einfachen Chancen mit einer sehr gefährlichen Satzsteigerung: Der Spieler beginnt mit einer Satzeinheit und verdoppelt diese Satzhöhe im Verlustfall so häufig, bis er gewinnt. Der resultierende Gesamtgewinn nach einem solchen Progressionsvorgang ist dann eine Satzeinheit. Danach wiederholt der Spieler den Progressionsvorgang bis zum nächsten Treffer usw.

Der Erwartungswert der Gewinnrate dieses Progressionsspiels ist unter der Voraussetzung, daß nach Erscheinen von Zero jeweils so viele Coups abgewartet werden, bis der letzte Einsatz entweder aus der Sperrung gelangt oder verfällt, und daß spätestens auf der letzten und höchsten Satzstufe jedes Progressionsvorganges gewonnen wird, $0,473S$, wie im Anhang B gezeigt wird, wobei S die Satzeinheit darstellt. Immerhin würde dieser Sachverhalt bedeuten, daß sich bei einer Satzeinheit von beispielsweise DM 10,– eine Gewinnrate, also ein mittlerer statistischer Gewinn pro Coup, von DM 4,73 ergibt und der Nutznießer dieser Spielweise bei eifrigem Bemühen sehr bald ein wohlhabender Mann wäre, es sei denn, er ist es bereits.

Doch dieses steile Progressionsverfahren ist – wie eingangs bereits bemerkt – äußerst gefährlich, da nach einer längeren Folge hintereinander verlorener Einsätze die erforderliche nächste Satzhöhe das Maximum des Spieltisches überschreitet und der Spieler somit nicht mehr in der Lage ist, den Verlust der vorangegangenen hohen Einsätze wieder auszugleichen. Diese Situation werde näher erörtert:

Die Satzeinheit des Spieler sei wieder S. Dann ist die erforderliche Satzhöhe nach m unmittelbar hintereinander verlorenen Einsätzen 2^mS. Entspricht S dem Spieltischminimum, so wird das Maximum spätestens[1] bei $m=11$ überschritten. Das ist der Fall, wenn der Spieler vorher elfmal hintereinander verloren hat und danach eigentlich $2^{11}S$ setzen müßte. Diese Satzhöhe würde beispielsweise bei $S = DM\ 10,–$

$$2^{11}10 = DM\ 20480,–$$

betragen und das Maximum von beispielsweise DM 14000,– überschreiten. Infolge der vorangegangenen $m=11$ verlorenen Einsätze hätte der Spieler einen Verlust von

$$(2^{11}-1)S = DM\ 20470,–$$

erlitten. Um zuvor eine solche Summe zu gewinnen, benötigt der Martingale-Spieler durchschnittlich ca. $N=2047/0,473 = 4328$ Coups ohne verlorengegangene Progressionsläufe. Die Wahrscheinlichkeit ist jedoch groß, daß auf einer derartig langen Spielstrecke bereits ein Progressionslauf verloren wird, denn die Wahrscheinlichkeit des mindestens elfmaligen Ausbleibens eines vorgegebenen Teils der Einfachen Chancen nach Erscheinen der gesetzten Chance beträgt mit $p=19/37$ ($\rightarrow$41):

$$p(s=11) = (1-p)p^{11} = 0,0003185.$$

Dies ist die Wahrscheinlichkeit einer solitären

---

[1] In der Bundesrepublik Deutschland liegt der Quotient Spieltischmaximum/-minimum für Minima $\geq$ 5 Mark zwischen 600 und 1400

Sequenzen erster Ordnung aus elf vorgegebenen Teilen einer Einfachen Chance einschließlich möglicher Zeros. Bezogen auf N=4328 Coups ist deshalb der Erwartungswert der Häufigkeit einer solchen Sequenz

$$Np(s=11) = 1,38.$$

In mittleren Abständen von

$$N = 1/p(s=11) = 3139$$

Coups verliert der Martingale-Spieler also nach jeweils elf verlorenen Einsätzen 2047 Satzeinheiten durch Erreichen des Spieltischmaximums. Dies entspricht einer mittleren Verlustrate von $2047/3139 \approx 0,65$ Satzeinheiten pro Coup. Auf den zwischen den Progressionsabbrüchen liegenden Spielstrecken wird eine Gewinnrate von ca. 0,47 erzielt. Infolgedessen ist die insgesamt resultierende Verlustrate $0,65-0,47=0,18$. D.h. der Erwartungswert der Verlustrate für die Martingale liegt ungefähr bei 18% von der Satzeinheit. Dieses Ergebnis ist allerdings sehr ungenau, da aufgrund des Umstandes, daß beim Erscheinen von Zero im statistischen Mittel nur ungefähr die Hälfte des jeweiligen Einsatzes verloren wird, die Wahrscheinlichkeit des Ausbleibens der gesetzten Chance nicht mit der Wahrscheinlichkeit eines Satzverlustes identisch ist. Zur Präzisierung des Ergebnisses bedarf es deshalb einer eingehenderen Analyse der Martingale, die im Anhang B durchgeführt ist. Ihr ist folgendes Ergebnis zu entnehmen:

Der Erwartungswert der Verlustrate ist unter den bereits eingangs gemachten Voraussetzungen, daß nämlich

- die Satzeinheit S dem Spieltischminimum entspricht,
- das Spieltischmaximum eine 10-fache Verdoppelung dieser Satzhöhe erlaubt und
- bei Zero der Ausgang der Sperrung abgewartet wird:

$$E\{v\} = \frac{p_+[(2p_-)^{m+1}-1]S}{(p_+L_+ + p_-L_-)(1-p_-^{m+1})} \qquad (a)$$
$$= 0,077542S|_{m=10}.$$

In dieser Formel ist

$p_+ = 0,4930557$ die Wahrscheinlichkeit eines Satzgewinnes pro Coup,

$p_- = 0,5069443$ die Wahrscheinlichkeit eines Satzverlustes pro Coup,

$L_+ = 1,027726$ die mittlere Anzahl von Coups pro Satzgewinn und

$L_- = 1,056613$ die mittlere Anzahl von Coups pro Satzverlust.

Es ist also zu erwarten, daß der Martingale-Spieler über lange Spielstrecken unter Ausnutzung einer maximalen Satzhöhe von 1024S im Durchschnitt mit jedem Coup ungefähr 8% der Satzeinheit S verliert. Gegenüber dem Masse égal-Spiel auf Einfachen Chancen, welches eine zu erwartende Verlustrate von 0,0133S aufweist, erhöhen sich die Verluste also signifikant. Das liegt einfach daran, daß die statistische mittlere Satzhöhe bei der Martingale aufgrund der Satzprogression entsprechend, d. h. um den Faktor $7,75/1,33 \approx 6$ größer ist. Die Gültigkeit der „Zerosteuer", die im vorliegenden Fall ca. 1,33% ($\rightarrow$ 63) beträgt, bleibt natürlich bei allen Progressionsspielen gewahrt, bezieht sich jedoch auf eine effektive mittlere Satzhöhe, die infolge der Satzprogression größer als die benutzte minimale Satzhöhe ist.

Aufgrund dieser Erkenntnisse stellt sich zwangsläufig die Frage, welche Vorteile denn ein solches Progressionsspiel überhaupt bieten kann. Die grundsätzliche Beantwortung dieser Frage ist einfach: Über eine begrenzte Spielstrecke, deren Länge vom Progressionsverfahren abhängig ist, verringert sich das Risiko eines Gesamtverlustes deutlich. Oder mit anderen Worten:

Der progressierende Spieler kann mit einer Erfolgswahrscheinlichkeit, die anfangs sehr groß, nämlich nahezu 100% sein kann, sich jedoch mit wachsender Spielstrecke stetig verringert, damit rechnen, daß seine Spielweise eine positive Rendite abwirft.

Für das jeweilige Progressionsverfahren kann also eine „erlaubte Spielstrecke" definiert werden, für welche die Wahrscheinlichkeit, daß insgesamt eine positive Rendite erzielt wird, einen vorgegebenen Grenzwert, beispielsweise 75%, nicht unterschreitet. Die positiven Erwartungswerte der Verlustrate und des Gesamtverlustes bleiben davon natürlich unberührt, sie bestätigen sich jedoch im allgemeinen erst über eine vergleichsweise längere Spielstrecke, wenn nach langen Progressionsphasen durch hohe Satzverluste die vorher erzielten Gewinne neutralisiert bzw. überneutralisiert werden. Diese Feststellungen sollen für die Martingale überprüft werden:

Zunächst sei den vorstehenden Erläuterungen gemäß darauf hingewiesen, daß der Erwartungswert E {v} = 0,077542S der Verlustrate gemäß Gl. (a) gültig bleibt. In den Spielphasen, in welchen keine Progressionsabbrüche wegen Erreichen des Spieltischmaximums erforderlich sind, wird ein Gewinn erzielt. Der Erwartungswert der Gewinnrate beträgt nach Anhang B:

$$E\{g\} = \frac{Sp_+}{p_+L_+ + p_-L_-} = 0,4730141S.$$

Über eine Spielstrecke von N Coups ist der Erwartungswert des Gewinns:

$$E\{G\} = NE\{g\} = 0,4730141NS.$$

Die Standardabweichung dieser Gewinnerwartung ist mit p=0,4730141 (→ 20, Gl. 12):

$$\sigma = S\sqrt{p(1-p)N} \simeq 0,5S\sqrt{N}.$$

Die 3σ-Streuung beträgt nach einer Spielstrecke von beispielsweise N=1000 Coups ±3σ = ±47S und ist gegenüber der Gewinnerwartung von E{G} = 473S bereits sehr gering.

Die Frage ist nun, wie groß die Wahrscheinlichkeit eines nicht erforderlichen Progressionsabbruches bezogen auf eine vorgegebene Spielstrecke von N Coups ist. Aus Anhang B ist ersichtlich, daß die Wahrscheinlichkeit p = E {h_} eines Progressionsabbruchs pro Coup

$$p = p_+p_-^{11}/(p_+L_+ + p_-L_-)(1-p_-^{11})$$
$$= 0,000269$$

beträgt, wenn eine zehnmalige Verdoppelung am Spieltisch möglich ist. Die Wahrscheinlichkeit eines nicht erforderlichen Progressionsabbruches ist also 1−p. Infolgedessen ist die Wahrscheinlichkeit, keinen Progressionslauf über N Coups zu verlieren:

$$y = (1-p)^N. \qquad (b)$$

Dies ist eine Funktion, die wegen p≪1 für kleine N nahezu 1 ist, mit wachsendem N jedoch geringer wird und gegen null konvergiert. Der Martingale-Spieler sei gewillt, das Risiko eines Progressionsabbruches auf 25% zu begrenzen. Dieses Risiko entspricht y=0,75. Infolgedessen ergibt sich[2] mit $N_{erl} = N$ als „erlaubter Spielstrecke":

$$N_{erl} = \log(0,75)/\log(1-p) = 1069 \qquad (c)$$

Der Martingale-Spieler darf also seine Aktivität über eine Spielstrecke von maximal 1069 Coups ausüben, um das Risiko eines Totalverlustes geringer als 25% zu halten. Vorausgesetzt wird hierbei allerdings, daß er über ein

---

[2] unter Anwendung der POISSONschen Formel (24) folgt entsprechend $N_{erl} \cong -\ln(0,75)/p = 1069$

Spielkapital verfügt, das ihm gestattet, eine zehnmalige Verdoppelung des Grundeinsatzes durchzuführen. Dieses Spielkapital beträgt $(2^{11}-1)S = 2047S$ und entspricht, bezogen auf beispielsweise $S = DM\ 10,-$, einer Summe von DM 20470,$-$. Falls er über ein derartig hohes Spielkapital nicht verfügt und deshalb nur eine geringere Anzahl m von Verdoppelungen durchzuführen in der Lage ist, ergeben sich bei größerem

$$p = p_+ p_-^{m+1}/(p_+ L_+ + p_- L_-)(1 - p_-^{m+1}) \qquad (d)$$

nach Formel (c) entsprechend geringere erlaubte Spielstrecken.

Zurückkehrend zu dem betrachteten Beispiel kann festgestellt werden, daß mit $E\{G\} = 0{,}4730141 NS$ über die erlaubte Spielstrecke $N_{erl} = 1069$ ein Gesamtgewinn $G = 506S$ zu erwarten ist. Dieser Wert entspricht für beispielsweise $S = DM\ 10,-$ einer Summe von DM 5060,$-$. Wäre diesem Martingale-Spieler jedoch das nur 25% wahrscheinliche Mißgeschick zugestoßen, elf Einsätze hintereinander zu verlieren, so würde sich der resultierende Gesamtverlust zwischen DM 20470 $-$ DM 5060 = DM 15410,$-$ und DM 20470,$-$ bewegen. Es ist diesem Spieler also anzuraten, nach $N_{erl} = 1069$ Coups dieses Progressionsspiel seinem Vorsatz gemäß abzubrechen und nie wieder fortzusetzen, da eine Fortsetzung – auch zu einem beliebigen späteren Zeitpunkt – natürlich bedeutet, daß N und somit das Totalverlustrisiko $1-y$ gemäß Formel (b) anwachsen.

Das Ergebnis dieser Analyse ist sicherlich nicht gerade geeignet, den Martingale-Spieler in seinem Tun besonders zu motivieren. Immerhin wurde jedoch die Eingangsbehauptung, daß Progressionsspiele über gewisse Spielstrecken mit relativ hoher Wahrscheinlichkeit Gewinne ermöglichen, für die Martingale bestätigt. Bezüglich des Progressions-

prinzips der Martingale drängt sich allerdings die Frage auf, die im folgenden behandelt werden soll, ob anstelle der Satzverdoppelung nicht eine schwächere Progression möglich ist, mit der einerseits die Gefahr, das Spieltischmaximum zu erreichen vermindert wird, andererseits jedoch unter der Voraussetzung, daß dieses Maximum nicht erreicht wird, nennenswerte Gewinne erzielt werden können.

Es werde angenommen, daß nach einem verlorenen Einsatz die Satzhöhe um den Faktor a vergrößert wird. Bei der originären und bereits analysierten Martingale ist $a=2$. Im folgenden interessieren Werte $1<a<2$. Mit einer solchen geometrischen Progression ergeben sich Satzhöhen S, aS, a^2S, a^3S usw. Stellt S wiederum das Spieltischminimum dar, so ist beispielsweise für $a=1{,}5$ eine Ersterhöhung des Einsatzes auf 1,5S nicht möglich, jedoch kann der Spieler so vorgehen, daß er bei den vielen durchzuführenden Progressionsvorgängen jeweils zwischen S und 2S so variiert, daß der Mittelwert annähernd 1,5S entspricht. Das ist beispielsweise dann der Fall, wenn er bei der Ersterhöhung zwischen S und 2S abwechselt. Durch eine sinngemäße Mittelwert-Satztechnik ist der Spieler in der Lage, beliebige Satzhöhen zu realisieren. Bei den größeren Satzhöhen ergeben sich im übrigen keine Probleme, da die Sollwerte unmittelbar gut approximiert werden können. Die aufgrund der beschriebenen Satztechnik resultierende Erhöhung der Streuung von Gewinn- oder Verlusterwartungen ist gering und kann für die betrachteten längeren Spielstrecken vernachlässigt werden.

Im Anhang B ist die Analyse der modifizierten Martingale mit dem Progressionsfaktor a durchgeführt. Der ermittelte Erwartungswert der Gewinnrate in den Phasen, in welchen keine Progressionsabbrüche erforderlich sind, ist:

$$E\{g\} = \frac{p_+ S}{(a-1)(p_+ L_+ + p_- L_-)}$$
$$\cdot \left[1 - \frac{(2-a)p_+(1-(ap_-)^{m+1})}{(1-p_-^{m+1})(1-ap_-)} \right].$$

In dieser Formel ist m die maximale Anzahl von Erhöhungen des Einsatzes. Für Spieltische, bei denen der Quotient aus Einsatzmaximum und -minimum 1400 beträgt, gilt wegen $a^m \leq 1400$:

$$m \leq \log 1400 / \log a.$$

Wie für die originäre Martingale mit a=2 werden angenommen, daß das Risiko eines erforderlichen Progressionsabbruches 25% nicht überschreiten soll. Dann ergibt sich die zulässige Anzahl N_{erl} von Coups der erlaubten Spielstrecke wiederum aus Formel (c) mit p nach Formel (d). Der erzielte Gewinnerwartungswert ist NE{G}. In Tabelle 15 sind für verschiedene Progressionsfaktoren a die resultierenden Werte von m, E{g}/S, N_{erl} und N_{erl} E{g}/S aufgeführt.

Tabelle 15

a	m	E{g}/S	N_{erl}	N_{erl}E{g}/S
1,20	39	–0,0168	0	0
1,40	21	–0,0220	0	0
1,60	15	–0,0059	0	0
1,65	14	0,0125	16204	203
1,70	13	0,0426	8214	350
1,75	12	0,0869	4164	362
1,80	12	0,1275	4164	531
1,85	11	0,2007	2110	424
1,90	11	0,2703	2110	570
1,95	10	0,3701	1069	396
2	10	0,4727	1069	506

Für die ersten drei geringen Progressionsfaktoren ist die Gewinnerwartung negativ, so daß keine erlaubten Spielstrecken vorhanden sind. Es zeigt sich also, daß a größer als 1,6

sein muß, damit positive Gewinnerwartungen resultieren. Für a=2 ergeben sich die bereits eingangs präsentierten Werte. Das Maximum der Gewinnerwartung NE{g} liegt in der Tabelle bei 570S für a=1,9 und N_{erl} = 2110. Gegenüber der originären Martingale mit 506S ist also durch Verringerung des Progressionsfaktors nur eine relativ geringfügige Erhöhung der Gewinnerwartung bei gleichem Risiko möglich.

Diese Ergebnisse lassen erkennen, daß die Martingale durch Verringerung des Progressionsfaktors a nicht in der Weise modifiziert werden kann, daß sich entweder für vorgegebenes Risiko 1−y die Gewinnerwartung auf Spielstrecken ohne erforderliche Progressionsabbrüche wesentlich erhöht oder sogar beliebig viele Coups setzbar sind, für die einerseits das Risiko eines Gesamtverlustes vernachlässigbar gering gehalten werden kann, andererseits jedoch eine positive Gewinnerwartung existiert.

Fazit dieser Untersuchungen ist, daß die originäre Martingale mit Einsatzverdoppelung nach verlorenen Sätzen nur über 1069 Coups gespielt werden kann, wenn das Risiko eines Verlustes durch Überschreiten des Spieltischmaximums geringer als 25% gehalten werden soll. Dies gilt unter der Voraussetzung, daß vom Einsatzminimum aus eine zehnmalige Verdoppelung möglich ist und notfalls auch durchgeführt wird. Die Gewinnerwartung beträgt dann, falls nicht der 25% wahrscheinliche Fall eines elfmal hintereinander erfolgenden Satzverlustes auftritt, 506S, d.h. das 506fache der Satzeinheit. Zwar kann die „erlaubte Spielstrecke" für gleiches Risiko durch einen geringeren Progressionsfaktor von 1,9 auf 2110 Coups angehoben werden, jedoch erhöht sich die Gewinnerwartung bei ausbleibenden Progressionsabbrüchen gegenüber der originären Martingale nur wenig, nämlich auf 570S.

In diesem Zusammenhang sei nochmals darauf hingewiesen, daß die angegebenen Werte N_{erl} für die jeweils „erlaubte Spielstrecke" bedeuten, daß ein individueller Spieler im gesamten Zeitraum seiner Rouletteaktivitäten nicht über mehr als N_{erl} Coups nach dem vorausgesetzten Progressionssystem spielen darf, wenn er das Risiko eines Gesamtverlustes unter 25 % halten will.

Eine weitere Variante der Martingale stellt die sogenannte amerikanische Martingale mit linear gesteigerter Satzhöhe dar. Im Verlustfall erfolgt bei dieser Progressionsart anstelle einer Verdoppelung der vorhergehenden Satzhöhe eine Erhöhung um einen konstanten Betrag. Im Anhang B ist diese Progressionsart analysiert. Als Progressionsinkrement wird die Satzeinheit S vorausgesetzt, so daß sich Satzhöhen von S, 2S, 3S, 4S, ... ergeben. Da eine solche lineare Progression wesentlich weniger steil als die bisher betrachteten geometrischen Martingale-Progressionen ist, besteht keine Schwierigkeit die Satzeinheit S auch oberhalb des Spieltischminimums so festzulegen, daß ein Erreichen des Spieltischmaximums nach einer langen Verlustserie mit an Sicherheit grenzender Wahrscheinlichkeit vermieden wird. Deshalb kann davon ausgegangen werden, daß jeder Progressionslauf mit einem Satzgewinn abgeschlossen wird. Nach Anhang B ergibt sich dann ein Erwartungswert der Verlustrate von

$$E\{v\} = \frac{S(2p_- - 1)}{p_+(p_+L_+ + p_-L_-)} = 0,027023S.$$

Gegenüber der originären Martingale mit einer Verlustrate von ca. 0,078S gemäß Gl. (a) verringert sich die Verlustrate also auf ca. 0,027S, was einfach darauf zurückzuführen ist, daß sich die statistisch mittlere Satzhöhe infolge der flacheren Progression um das Verhältnis dieser beiden Verlustraten verringert hat.

Da mehr als $m = 20...30$ Satzverluste hintereinander mit $p^m = 1,3 \cdot 10^{-6} ... 1,4 \cdot 10^{-9}$ nur äußerst geringe und somit praktisch vernachlässigbare Wahrscheinlichkeiten aufweisen, stellt sich die Frage, wie der Erwartungswert $E\{v\}$ der Verlustrate sich in Abhängigkeit von vorgegebenen Maximalwerten von m verhält. Die im Anhang B ermittelte allgemeine Beziehung zwischen $E\{v\}$ und m kann numerisch ausgewertet werden und ergibt die in Tabelle 16 aufgeführten Korrespondenzen.

Tabelle 16

m	$E\{v\}/S$
1	–0,7230
2	–0,5212
3	–0,3625
4	–0,2420
5	–0,1538
6	–0,0915
7	–0,0489
8	–0,0206
9	–0,0023
10	0,0092
11	0,0164
12	0,0207
13	0,0234
14	0,0249
15	0,0258
16	0,0263
17	0,0266
18	0,0268
19	0,0269
20	0,0270
21	0,0270
22	0,0270
23	0,0270
24	0,0270
25	0,0270

Die negativen Werte der Verlustrate für $m < 10$ bedeuten, daß kürzere Spielstrecken, die mit weniger als zehn hintereinander erforderlichen Satzerhöhungen absolviert werden, mit positiver Rendite abgeschlossen werden können. Wendet man auf diesen Bereich von m Gl. (c) und (d) an, so ergeben sich die in Tabelle 17 aufgeführten „erlaubten Spielstrecken" N_{erl} und Gewinnerwartungen $N_{erl}E\{g\} = -N_{erl}E\{v\}$.

Tabelle 17

m	$E\{g\}/S$	N_{erl}	$N_{erl}E\{g\}/S$	S/S_{min}	$N_{erl}E\{g\}/S_{min}$
4	0,2420	17	4,11	280	1152
5	0,1538	35	5,38	233	1254
6	0,0915	70	6,41	200	1281
7	0,0489	139	6,80	175	1190
8	0,0206	274	5,65	155	876
9	0,0023	542	1,27	140	177

In der letzten Spalte von Tabelle 17 ist die Gewinnerwartung $N_{erl}E\{g\}/S_{min}$ angegeben, welche sich ergibt, wenn die Höhe S des Grund-einsatzes und Progressionsinkrementes einem Vielfachen des Spieltischminimums S_{min} entspricht und so bemessen ist, daß mit der m-ten Erhöhung das Spieltischmaximum gerade noch nicht überschritten wird. Wird wie in den bisherigen Beispielen als Spieltischmaximum das 1400fache des Minimums S_{min} angenommen, so gilt

$$S = 1400S_{min}/(m+1).$$

Die hieraus resultierenden Werte von S sind in der vorletzten Spalte von Tabelle 17 angegeben und liegen den Gewinnerwartungen der letzten Spalte zugrunde.

Das Maximum der Gewinnerwartung ist $1281S_{min}$ bei m=6. Die hierbei „erlaubte Spielstrecke" ist auf 70 Coups beschränkt. Die Satzhöhe zu Beginn jedes Progressionslaufes ist $S=200S_{min}$, wobei S_{min} das Spieltischminimum darstellt und vorausgesetzt wird, daß am Spieltisch eine maximale Satzhöhe von $1400S_{min}$ erlaubt ist. Beträgt S_{min} beispielsweise DM10,–, so wird also das Spiel mit einer Anfangssatzhöhe von DM 2000,– durchgeführt und notfalls bis DM 14000,– progressiert. Solange keine sechste Progressionsstufe verloren wird, ergibt sich eine mittlere Gewinnrate von DM 190,– pro Coup. Wird innerhalb der „erlaubten Spielstrecke" von 70 Coups eine sechste Progressionsstufe mit DM 14000,– verloren, so beträgt der voraussichtliche Gesamtverlust ca. DM 42700,– bis 56000,–, je nachdem, ob sich der Spieler am Ende oder Anfang der „erlaubten Spielstrecke" befindet. Die Wahrscheinlichkeit, daß dies passiert, ist im ersten Fall 25% unf für den zweiten Fall nahezu 0.

Die bei der erörterten Progression vorausgesetzten hohen Einsätze stellen die der „erlaubten Spielstrecke" zugeordneten maximalen Satzhöhen dar. Für den schmaleren Geldbeutel können anstelle dieser Maximalsätze selbstverständlich geringere Sätze plaziert werden. Die Gewinnerwartungen reduzieren sich dann proportional und entsprechen den in der vierten Spalte von Tabelle 17 angegebenen relativen Werten.

Die Progression Deance oder Mehrfachmartingale

Betrachtet man das beschriebene Stellentilgungskonzept der Progression Deance (→69) näher, so stellt man fest, daß es sich bei dieser Progressionsmethode gewissermaßen um eine Mehrfachmartingale handelt. Die Grundidee der einfachen Martingale ist ja, wie erläutert wurde (→65,72), durch Verdoppelung der Satzhöhe nach jedem Verlustcoup mit einem abschließenden Treffer eine vollständige Tilgung der während des Progressionsvorganges aufgelaufenen Verluste sowie einen Gewinnüberschuß von einer Satzeinheit zu erzielen. Diese Progressionsmethode wurde im vorangegangenen Kapitel in aller Ausführlichkeit untersucht. Bei der Stellentilgungsprogression Deance wird angestrebt, mit einem abschließenden Teilecart des bespielten Chancenteils von +4 die vorher aufgetretenen Verluste zu tilgen und einen Saldogewinn von vier Satzeinheiten zu erzielen. Besonders anschaulich wird die Verwandtschaft von einfacher Martingale und Progression Deance dann, wenn nach Verlustcoups und nicht gestrichenen vier Teilsätzen die verlorenen Einsätze nicht auf diese Teilsätze aufgesplittet, sondern von unten nach oben addiert werden. Ein Beispiel:

```
- - + + - - - - + - - + + + - + +
1 1 ✳     2 2 2 ✳ 2 2 2 ✳
1 1 1 ✳ 2 2 2 2 2 2 4 4 ✳
1 2 2 2 2 2 2 4 4 4 4 4 ✳ 4 ✳
2 2 2 2 2 2 4 4 4 4 4 4 4 4 ✳
```

Kennzeichnet man mit Minuszeichen verlore-

ne Sätze und mit Pluszeichen gewonnene Sätze, so stellt sich die gleiche Partie in anderer Schreibweise folgendermaßen dar:

```
- - + + - - - - + - - + + + - + +
   +1        -2      +2 -2   +2
      +1 -2              -2      +4
  -1                -2              +4 -4 +4
-1                  -2                       +4
```

Bei näherer Betrachtung dieses Schemas erkennt man, daß in jeder Zeile ein Gewinnüberschuß von einer Satzeinheit erzielt worden ist und daß implizit eine Satzprogression 1 – 2 – 4 – ... entsprechend der einfachen Martingale praktiziert wurde. Allerdings tritt diese Progressionsart jeweils nur dann in aller Schärfe in Erscheinung, wenn in einer Zeile zwei Verlustcoups hintereinander vorgekommen sind. Ganz deutlich wird die Satzverdoppelungsmethode entsprechend der einfachen Martingale, wenn eine lange Serie von Verlustcoups auftritt, die durch vier Treffer abgeschlossen wird:

```
- - - - - - - - - - - - + + + +
   -1        -2      -4 +8
  -1        -2      -4    +8
 -1        -2      -4        +8
-1        -2      -4            +8
```

Die der Progression Deance zugrundeliegende Idee ist, durch Aufteilung auf vier Teilsätze das Risiko eines Platzers gegenüber der einfachen Martingale zu verringern. Während bei dieser bereits spätestens nach einer Serie von elf Verlustcoups das Spieltischmaximum überschritten wird, würde dies bei der Progression Deance erst nach einer Serie von 41 Verlustcoups der Fall sein. Die Wahrscheinlichkeit, daß dieser Risikofall eintritt, ist nahezu vernachlässigbar gering. Andererseits besteht die Möglichkeit, mit einem letzten Überschuß von lediglich vier Treffern eine Partie erfolgreich abzuschließen. Offensichtlich kann also mit der Progression Deance die „erlaubte Spielstrecke" N_{erl} gegenüber der einfachen Martingale erheblich verlängert werden. Allerdings ist zu erwarten, daß die mittlere Gewinnrate g auf der platzerfreien Spielstrecke N_{erl} sich verringert. Ausschlaggebend für die Bewertung des Konzepts der Progression Deance ist jedoch, ob das Produkt $N_{erl}g$, also der zu erwartende Gewinnüberschuß auf der ohne Verlust einer Partie zurückgelegten „erlaubten Spielstrecke", größer als bei der einfachen Martingale ist.

Um diese Frage beantworten zu können, wurde mit einem Personal Computer die Progression Deance simuliert. Das benutzte Rechnerprogramm ist im Anhang C aufgelistet und erläutert. Bei diesem Programm sind

- die zu simulierende Spielstrecke,
- die Staffelbreite M (Anzahl von Teilsätzen) und
- die erlaubte größte Satzhöhe SS

mit der Dateneingabe frei wählbar. Für M=1 wird die einfache Martingale simuliert. M=4 entspricht der Progression Deance mit der Modifikation, daß verlorene Sätze – den vorangegangenen Erörterungen entsprechend – nicht aufgesplittet, sondern mit dem vollen Betrag jeweils einem Teilsatz der Staffel addiert werden.

Zeros und die resultierenden Sperrungen der Einsätze werden durch das Simulationsprogramm erfaßt. Die wesentlichen Ergebnisse der für spezielle Staffelbreiten M und jeweils mit $N=N_{RND}$=16.777.216 Coups

(→ 109) und maximal SS=1400 Satzeinheiten durchgeführten Simulationsläufe sind in der folgenden Tabelle zusammengefaßt. In der Tabelle sind außerdem für die einfache Martingale (M= 1) in Kursivschrift die berechneten Erwartungswerte (→ 74ff. und Anhang B) aufgeführt.

Tabelle 18

M	v	h_+	$10^6 h_-$	ϵ	N_{erl}	G	$\epsilon_v \approx$
1	0,08221	0,47318	271,3	±4,4%	1060	502	±32%
1	*0,07754*	*0,47301*	*269,0*	*0*	*1069*	*506*	*0*
2	0,08273	0,15626	128,7	±6,4%	2234	698	±31%
3	0,09786	0,07741	80,6	±8,2%	3567	828	±27%
4	0,10090	0,04598	55,7	±9,8%	5168	950	±28%
5	0,11271	0,03037	43,1	±11,2%	6676	1014	±26%
7	0,09890	0,01598	25,7	±14,4%	11172	1250	±30%
10	0,12892	0,00790	18,5	±17,0%	15569	1230	±28%
14	0,15564	0,00398	13,8	±19,7%	20893	1163	±27%
20	0,18136	0,00188	10,2	±22,9%	28224	1062	±28%
30	0,24939	0,00076	8,6	±25,0%	33515	764	±28%

M: Staffelbreite (maximale Anzahl ungetilgter Sätze)
v: mittlere Verlustrate in Satzeinheiten pro Coup
h_+: relative Häufigkeit gewonnener Partien (Progressionen)
h_-: relative Häufigkeit verlorener Partien (Progressionen)
N_{erl}: „erlaubte Spielstrecke" = $-n(0,75)/p$ mit $p \approx h_-$ (→ 74, Gl.c)
G: zugeordnete Gewinnerwartung in Satzeinheiten S
ϵ: Generelle 3σ-Fehlergrenzen für h_- (→ folgende Ausführung)
ϵ_v: Generelle 3σ-Fehlergrenzen für v, N_{erl}, G (→ folgende Ausführung)

Die Standardabweichung für die Häufigkeit H_- verlorener Partien ist $\sigma = \sqrt{p(1-p)N}$ $\approx \sqrt{pN}$ (→ 20, Gl. 12) mit $p \approx h_- \ll 1$. Der Erwartungswert der Häufigkeit ist pN (→ 19, Gl. 10). Die relativen 3σ-Fehlergrenzen für H_- und h_- sind also $\epsilon \approx \pm 3/\sqrt{pN}$, bzw. mit $pN \approx H_- = Nh_-$.

$$\epsilon \approx \pm 3/\sqrt{Nh_-}.$$

Die 3σ-Fehlergrenzen für h_+ sind mit $\pm 3/\sqrt{Nh_+}$ wegen der sehr großen Werte von Nh_+ vernachlässigbar gering. Die 3σ-Fehlergrenzen für v, N_{erl} und G, die mit ϵ_v bezeichnet werden sollen, ergeben sich aus folgender Beziehung:

$$V(1+\epsilon_V) = [2047 + 1023(N-1)]h_-(1 + \epsilon) - Mh_+,$$

also

$$\epsilon_V = [[2047 + 1023(M-1)]h_-(1 + \epsilon) - Mh_+]/v - 1.$$

Hierin ist [2047+1023(M−1)] der Verlust in Satzeinheiten S nach verlorener Partie, d.h. nach 10-facher Satzverdoppelung auf 1024S und dem ersten verlorenen Satz dieser Höhe. Für V, h_- bzw. h_+ sind die diesbezüglichen Erwartungswerte einzusetzen. Mit den statistischen Werten der Tabelle wird aus der Gleichung eine Näherung. ϵ_V ist wegen der Differenzbildung in obiger Gleichung generell deutlich größer als ϵ.

Aus den in Tabelle 18 aufgeführten Simulationsergebnissen können folgende Schlußfolgerungen gezogen werden:

- Die statistischen Ergebnisse für die einfache Martingale (M=1) bestätigen die korrespondierenden rechnerisch ermittelten Erwartungswerte und vice versa.
- Gegenüber der einfachen Martingale wird mit der Progression Deance (M=4) eine nicht unbeträchtliche Erhöhung von „erlaubter Spielstrecke" und zugeordneter Gewinnerwartung erzielt.

- Irgendwo zwischen M=7 und M=14 verläuft das „flache" Maximum der Gewinnerwartung G für die erlaubte Spielstrecke mit ca. 1250 Satzeinheiten, die immerhin deutlich über der Gewinnerwartung von 506 Satzeinheiten für die einfache Martingale liegt.
- Die Mehrfachmartingalen einschließlich der Progression Deance stellen also in der Tat wesentlich vorsichtigere Progressionstechniken dar. Eine unlimitierte Spielstrecke unter Ausschluß des Risikos eines Platzers ermöglichen jedoch auch diese vorsichtigen Progressionen nicht. Dieser Befund schließt die Mehrfachmartingalen mit sehr großen „Staffelbreiten" M ein: Die Ergebnisse zeigen, daß die erlaubte Spielstrecke zwar weiter anwächst, die zugeordnete Gewinnerwartung jedoch immer geringer wird. Platzerrisiko aber auch Gewinnerwartung konvergieren stetig und gemeinsam gegen null, wenn M unbeschränkt anwächst. Progressieren nach dem Prinzip der Mehrfachmartingalen mit M oberhalb des oben angegebenen flachen Gewinnmaximums bietet also gar keine Vorteile, zumal eine solche Vorgehensweise in Anbetracht möglicher aber sehr geringer Saldogewinne über die langen erlaubten Spielstrecken äußerst mühsam ist.

Das Parolispiel

Beim sogenannten Parolispiel läßt der Spieler im Gewinnfall Einsatz und Gewinn auf dem bespielten Chancenteil stehen. Wird auch mit diesem erhöhtem Einsatz gewonnen, so ist der einfache Parolisatz erfolgreich abgeschlossen. Für ein Mehrfachparoli werden anschließend wiederum der vorhergehende Einsatz und Gewinn auf dem Chancenteil plaziert bzw. im Fall der Einfachen Chancen stehengelassen. Dieser Vorgang kann im Prinzip beliebig oft wiederholt werden, solange mit der jeweiligen Satzhöhe gewonnen und das Spieltischmaximum nicht überschritten wird. Mit jedem Satzgewinn erhöhen sich Satzhöhe und Gewinn exponentiell.

Das Parolispiel gehört zu jenen Progressionsarten, die in der Rouletteliteratur häufig als „Progressionen mit dem Geld der Bank" bezeichnet werden. Diese Formulierung mag zwar insofern berechtigt sein, als der Parolisatz zu einem wesentlichen Teil aus der vorhergehenden Gewinnauszahlung der Bank resultiert, ist allerdings andererseits sehr irreführend, da sie aufoktroyiert, daß im Verlustfall ja im wesentlichen nur das „fremde" Kapital verloren wird, bei erfolgreichem Abschluß aber ein unverhältnismäßig hoher Gewinn bezogen auf den investierten Ersteinsatz möglich ist. Eine solche Betrachtungsweise kann jedoch zu dem Trugschluß verleiten, daß diese Progressionsart besondere Vorteile gegenüber dem Masse égale-Spiel in der Höhe des Ersteinsatzes aufweist, die sich darin äußert, daß bezogen auf dieses Satzniveau geringere Verlustraten resultieren oder daß sogar – nach Meinung ganz optimistischer Betrachter – Dauergewinnmöglichkeiten bestehen. In Wirklichkeit ist das Gegenteil der Fall, wie die weiteren Ausführungen zeigen werden: Gegenüber dem Masse égale-Spiel auf dem Niveau des Paroli-Ersteinsatzes erhöht sich beim Parolispiel infolge des Progressionsverfahrens die statistisch mittlere Satzhöhe. Infolgedessen beziehen sich die für die einzelnen Chancen geltenden Verlustraten (→54ff.) auf dieses erhöhte Satzniveau, was wiederum zur Folge hat, daß die Absolutwerte der zu erwartenden Verluste entsprechend größer sind.

Der für einige Progressionstechniken geltende Vorteil, nämlich die wesentliche Erhöhung der Wahrscheinlichkeit eines Saldogewinnes über begrenzte Spielstrecken[1], ist beim Parolispiel nicht vorhanden. Im Gegenteil, der Parolispieler wird im allgemeinen eine gewisse Spielstrecke, deren Länge von der bespielten Chancenart abhängt, mit Verlusten abschließen, bis der erste Parolisatz erfolgreich ist und eine Resultatsverbesserung gelingt. Diese defizitäre Anfangstendenz ist typisch für „Progressionen im Gewinnfall", denen das Parolispiel zuzurechnen ist. „Progression im Gewinnfall" ist im übrigen dem Begriff „Progression mit dem Geld der Bank" vorzuziehen, da er weniger dazu angetan ist, falsche Vorstellungen aufkommen zu lassen.

Nach diesen Vorbemerkungen, die offensichtlich ein ungünstiges Licht auf das Parolispiel werfen, sollen die wahrscheinlichkeitstheoretischen Erwartungswerte, welche das Spielresultat bestimmen, quantifiziert und erörtert werden. Zunächst werde jedoch der Gewinnmechanismus erfolgreicher Parolisätze beleuchtet.

---

[1] Diese Aussage gilt für Progressionen im Verlustfall, z.B. die d'Alembert-Progression (→85ff.)

Die Anzahl gewonnener Sätze im Verlauf eines erfolgreichen Paroliversuchs sei m. Bei einem einfachen Paroli ist m=2. Bei einem Mehrfachparoli ist m>2. Erfolgt keine Satzerhöhung, wird also Masse égale gespielt, so ist m=1. Die Erstsatzhöhe sei S. Dann ergibt sich allgemein als Nettogewinnauszahlung der Bank nach einem erfolgreichen Paroliversuch

$$G = \left[\left(\frac{36}{c}\right)^m - 1\right] S.$$

In dieser Formel ist c die Größe der bespielten Chance (→35), also die Anzahl der auf dem Tableau durch die Chance abgedeckten Zahlenfelder. Es werde ein Beispiel betrachtet:

Wird auf einem Carré ein einfacher Parolisatz gewonnen, so ist mit c=4 und m=2 der Gewinn G=80S. Wird ein Zweifachparoli gewonnen, so ist mit m=3 der Gewinn G=728S. Bei einer Erstsatzhöhe von beispielsweise DM 10,− liquidiert der Spieler eine Gewinnauszahlung von DM 7280,−.

Bezogen auf die Ersatzhöhe sind also enorme Gewinnhöhen möglich, die manch einen Spieler in der Annahme, hierdurch seine persönlichen Gewinnaussichten zu verbessern, dazu verleiten, eine solche Satzprogression durchzuführen. Die zu erwartenden höheren Verlustraten widerlegen jedoch diese Annahme. Im Anhang D sind diese Verlustraten analytisch bestimmt worden. Danach ergibt sich für die Einfachen Chancen

$$E\{v\} = \frac{1-p}{1-p^m}\left[1 - \left(\frac{36}{37}\right)^m - \frac{1}{38}(1-p^m)\right] S$$

und für die anderen Chancenarten

$$E\{v\} = \frac{1-p}{1-p^m}\left[1 - \left(\frac{36}{37}\right)^m\right] S.$$

In diesen Formeln ist p=c/37 (→ 35) die Gewinnwahrscheinlichkeit für den bespielten Chancenteil. In Tabelle 19 sind die resultierenden Zahlenwerte zusammengestellt. Die Werte der ersten Spalte mit m=1 sind mit den Erwartungswerten der Verlustrate des Masse égale-Spiels identisch. Die berücksichtigten maximalen Werte von m sind für die einzelnen Chancen so festgelegt, daß bei einem Ersteinsatz S in der Höhe des Spieltischminimums das Spieltischmaximum nicht überschritten wird, wobei dieses Maximum mit 1400S angesetzt wird. Für die Einfachen Chancen ist jedoch bei m=7 abgebrochen worden, der diesbezüglich größte Wert ist m=10.

Tabelle 19

	Verlustrate E{v}/S in %						
	m=1	m=2	m=3	m=4	m=5	m=6	m=7
Plein	2,70	5,19	−	−	−	−	−
Cheval	2,70	5,06	−	−	−	−	−
Transv.Pl.	2,70	4,93	−	−	−	−	−
Carré	2,70	4,81	7,05	−	−	−	−
Transv.Si.	2,70	4,59	6,64	8,70	−	−	−
Kolonne, Dutzend	2,70	4,03	5,52	7,09	8,68	10,25	−
Einf.Ch.	1,35	2,23	3,23	4,30	5,41	6,54	7,67

Aus den tabellierten Werten ergibt sich, daß die zu erwartenden Verlustraten einerseits für eine vorgegebene Chancenart stark mit m anwachsen und andererseits für vorgegebene Werte von m (>1) auch eine steigende Tendenz mit fallender Chancengröße aufweisen. Dieses beruht darauf, daß die Parolisatzhöhen sowohl mit der Anzahl der Progressionsstufen als auch der Auszahlungsquote der einzelnen Chancenarten anwachsen und infolgedessen die Grundverlustraten, die den Werten für m=1 entsprechen, sich auf diese größeren Satzhöhen beziehen. Besonders augenfällig ist das Anwachsen der Verlustraten mit m. Für das bei Plein-Zahlen mögliche einfache Paroli beispielsweise ist die Verlustrate annähernd doppelt so groß wie beim Masse égale-Spiel auf Plein-Zahlen. Bei Kolonne und Dutzend ist die Verlustrate bei m=3 mehr als doppelt so groß wie bei m=1. Das gleiche gilt für die Einfachen Chancen mit den vergleichsweise jedoch niedrigeren Verlustraten.

Als Quintessenz dieser Ergebnisse kann folgendes festgestellt werden:

▷ Der Erwartungswert der Verlustrate ist beim Parolispiel grundsätzlich höher als beim Masse égale-Spiel, wenn die Höhe des Paroli-Ersteinsatzes und die Satzhöhe des Masse égale-Spiels als identisch vorausgesetzt werden. Beabsichtig also ein Spieler im Prinzip mit einer gewissen Satzhöhe S zu spielen, so ist er schlecht beraten, wenn er mit S als Ersteinsatz Paroli spielt: Der Verlusterwartungswert ist in diesem Fall nämlich größer als beim Masse égale-Spiel mit gleichbleibender Satzhöhe S.

▷ Die Verlustraten steigen mit der Anzahl der Progressionsstufen und sind ferner um so größer, je geringer die Gewinnwahrscheinlichkeit der bespielten Chancenart ist. Infolgedessen ergeben sich beispielsweise beim einfachen Paroli die höchsten Verlustraten für die Plein-Chance und die geringsten für die Einfachen Chancen.

Die d'Alembert-Progression

Der nach dem französischen Philosophen, Mathematiker und Physiker Jean le Rond d'Alembert (1717-83) benannten d'Alembert-Progression für Einfache Chancen[1] liegt wie anderen Progressionsspielen der Kategorie „Progression im Verlustfall" die Absicht zugrunde, Gewinne durch Plusecarts (→50) des bespielten Chancenteils bei größeren Satzhöhen zu erzielen und Verluste durch die komplementären Minusecarts wie auch durch die unvermeidliche 1,35%-„Zerosteuer" so weit wie möglich auf vergleichsweise geringere Satzhöhen zu beschränken. Bei der d'Alembert soll dieses Ziel dadurch erreicht werden, daß nach Verlustcoups die Satzhöhe vergrößert und nach Treffern die Satzhöhe erniedrigt wird. Im Prinzip ist diese Idee bestechend, allerdings stellen sich dem Erfolg große Hindernisse in den Weg. Doch zunächst zurück zum Prinzip:

Um die Grundwirkungsweise der d'Alembert zu demonstrieren, werde eine ausgeglichene Folge von Realisationen der Einfachen Chance Pair/Impair angenommen, in der insgesamt jeweils zehnmal Pair und Impair aufgetreten sind. Diese Sequenz ist in Tabelle 20 aufgeführt. Ferner sind die Satzhöhen entsprechend der d'Alembert-Progression für Spiel auf Pair bzw. Impair angegeben. Die erste Satzhöhe ist willkürlich auf 10S festgelegt. Der jeweils nächste Einsatz erfolgt nach einem Satzverlust durch Erhöhung der vorhergehenden Satzhöhe um eine Einheit S und nach einem Satzgewinn durch Verringerung um eine Einheit S. Die Vorzeichen der einzelnen Sätze kennzeichnen, ob diese gewonnen oder verloren wurden. Das laufende Spielresultat ist in den Saldo-Spalten aufgeführt.

Tabelle 20

Pair(P)/ Impair (I)	Spiel auf Pair		Spiel auf Impair	
	Satz	Saldo	Satz	Saldo
P	+10S	+10S	−10S	−10S
I	− 9S	+ 1S	+11S	+ 1S
P	+10S	+11S	−10S	− 9S
P	+ 9S	+20S	−11S	−20S
P	+ 8S	+28S	−12S	−32S
I	− 7S	+21S	+13S	−19S
P	+ 8S	+29S	−12S	−31S
I	− 7S	+22S	+13S	−18S
I	− 8S	+14S	+12S	− 6S
P	+ 9S	+23S	−11S	−17S
P	+ 8S	+31S	−12S	−29S
I	− 7S	+24S	+13S	−16S
I	− 8S	+16S	+12S	− 4S
I	− 9S	+ 7S	+11S	+ 7S
P	+10S	+17S	−10S	− 3S
I	− 9S	+ 8S	+11S	+ 8S
I	−10S	− 2S	+10S	+18S
I	−11S	−13S	+ 9S	+27S
P	+12S	− 1S	− 8S	+19S
P	+11S	+10S	− 9S	+10S

Die beiden Spielresultate für Pair und Impair sind +10S. Obgleich Pair und Impair mit gleicher Häufigkeit aufgetreten sind, also ein Equilibre[2] zwischen jeweils bespielter Chance und Gegenchance besteht, erzielt der Spieler durch die dargestellte Methode linearer Progression und Degression einen Gewinn von zehn Satzeinheiten S. Dieses Ergebnis mag zunächst überraschend sein. Wird ermittelt,

---

[1] das Progressionsprinzip der d'Alembert ist auch auf andere Chancen anwendbar

[2] französisch für Äquilibrium, Gleichgewicht

wie häufig bezüglich der einzelnen Satzhöhen gewonnen bzw. verloren wurde und wie groß die jeweilige Differenz zwischen der Anzahl gewonnener und verlorener Sätze ist, so ergibt sich die in Tabelle 21 dargestellte Situation.

Tabelle 21

Satz	Anzahl von Sätzen auf Pair			Anzahl von Sätzen auf Impair		
	ge-wonnen	ver-loren	Diffe-renz	ge-wonnen	ver-loren	Diffe-renz
7S	0	3	−3	0	0	0
8S	3	2	+1	0	1	−1
9S	2	3	−1	1	1	0
10S	3	1	+2	1	3	−2
11S	1	1	0	3	2	+1
12S	1	0	+1	2	3	−1
13S	0	0	0	3	0	+3

Die tabellierten Differenzwerte bestätigen tendenziell den Erfolg der Grundstrategie der d'Alembert, Plusecarts bei den höheren Einsätzen zu erzielen und Minusecarts möglichst auf die vergleichsweise niedrigeren Satzhöhen zu beschränken. Für die Equilibre-Situation resultiert dann zwingend nach N Coups – unabhängig von der jeweiligen mittleren Satzhöhe – ein Gesamtgewinn von NS/2, wenn S das gewählte Inkrement bzw. Dekrement für Satzerhöhungen bzw. -erniedrigungen darstellt und in den Degressionsphasen der jeweils letzte gewonnene Satz die Höhe 2S nicht unterschreitet. Dieser Sachverhalt gilt allerdings nur dann, wenn keine Zero vorgekommen ist. Der Grund für das positive Spielresultat kann am besten durch die folgende Darstellung veranschaulicht werden:

Satzhöhe	1	2	3	4	5	6	7	8	9	10	11	12	13	14	15	16	17	18	19	20
13S																				
12S																			+	
11S																		−		+
10S	+		+												+	−				
9S		−		+						+				−		−				
8S					+		+		−		+		−							
7S						−		−				−								
Coup Nr.	1	2	3	4	5	6	7	8	9	10	11	12	13	14	15	16	17	18	19	20

In diesem Schema sind gewonnene Sätze durch Pluszeichen und verlorene Sätze durch Minuszeichen kenntlich gemacht. Der Spielverlauf entspricht Tabelle 20 für Pair. Es wird deutlich, daß die gewonnenen Spitzensätze nicht unmittelbar durch verlorene Sätze entsprechender Höhe kompensiert werden: Faßt man beispielsweise den Abschnitt von Coup Nr. 8 bis 11 ins Auge, so erkennt man in diesem Segment eine Equilibre-Situation. Für die mittlere Satzhöhe von 8S sind Verlust und Gewinn ausgeglichen. Der minimale Einsatz von 7S wurde mit Coup Nr. 8 verloren. Mit Coup Nr. 10 und dem maximalen Einsatz von 9S wurde jedoch gewonnen. Per saldo ist also in diesem Segment aus N=4 Coups ein Gewinn von 9S−7S=2S=NS/2 erzielt worden. Zu analogen Ergebnissen gelangt man in jedem anderen ausgeglichenen Segment beliebiger Länge unabhängig von der jeweiligen mittleren Satzhöhe. Infolgedessen ergibt sich für jede andere ausgeglichene Folge von N Coups ebenfalls NS/2 als Spielresultat, solange im Verlauf irgendeiner der Degressionsphasen der letzte gewonnene Satz die Höhe 2S nicht unterschreitet.

Da der „Gewinnmechanismus" der d'A-lembert so einleuchtend und zwingend ist, erscheint es bei flüchtiger Betrachtung als uneinsichtig, daß Ursachen existieren, die diesen Mechanismus wesentlich beeinträchtigen oder sogar funktionsunfähig machen können. Bei näherer Betrachtung sind jedoch zwei Einflüsse erkennbar, die für eine Beeinträchtigung in Frage kommen, nämlich

- die unvermeidlichen Zeroverluste von ca. $1/74 = 1,35\%$ pro Coup und Einsatz durch die „Zerosteuer" ($\rightarrow$ 62) und

- mögliche große Minusecarts, also Häufigkeitseinbrüche der bespielten Chancenteile.

Zunächst werde auf die Zeroverluste eingegangen. Diese Verluste beruhen darauf, daß beim Auftreten einer Zero im statistischen Durchschnitt die Hälfte der auf die Einfache Chance gesetzten Einsätze verloren wird. Es werde angenommen, daß der Spieler im Verlauf der d'Alembert-Progression beim Auftreten einer Zero den vorhergehenden Einsatz wiederholt und hiermit das Progressionsspiel fortsetzt, unabhängig davon, was mit dem gesperrten Einsatz geschieht. Dann ist nach einer Equilibre-Situation von bespielter Chance und Gegenchance die nächste Satzhöhe mit der Erstsatzhöhe, die als S_1 bezeichnet werden soll, identisch. Hierbei wird vorausgesetzt, daß im Verlauf der Degressionsphasen die erforderlichen minimalen Einsätze das Spieltischminimum nicht unterschritten haben. Unter diesen Bedingungen ist der Erwartungswert der Gewinnrate, also der Gewinn pro Coup:

$$E\{g\} \approx S/2 - S_1/74.$$

$S/2$ stellt die determinierte Gewinnrate für eine Equilibre-Situation dar, wenn keine Zeroverluste aufgetreten sind. $S_1/74$ ist der Erwartungswert der Zeroverluste. Obige

Gleichung ermöglicht die Ermittlung der mittleren Satzhöhe S_{grenz}, oberhalb welcher $E\{g\}$ negativ wird und somit Verluste zu erwarten sind. Diese Grenze ist durch $E\{g\} = 0$ festgelegt. Es folgt

$$S_{grenz} \approx 37S.$$

Treten Minusecarts der bespielten Chance von $\leq 38 - S_1/S$ auf, so wird diese Grenze erreicht. Bei höheren Minusecarts wird $E\{g\}$ negativ und befindet sich in der Verlustzone. Während des Übergangs nach S_{grenz} – von dem vorhergehenden niedrigeren mittleren Satzniveau S_1 aus – sind zusätzliche Verluste in der Höhe der arithmetischen Summe aller Satzhöhen von S_1 bis S_{grenz} aufgetreten. Inwieweit diese Verluste und die Zeroverluste, deren Erwartungswert in dieser Phase durch die wachsende Satzhöhe gestiegen ist, durch die Grundgewinnrate $S/2$ ausgeglichen worden sind, hängt von der Länge der Spielstrecke zwischen S_1 und Erreichen von S_{grenz} ab.

Die größte Anzahl von Coups für diesen Übergang ist dann zu erwarten, wenn die d'Alembert bei $S_1 = S$ begonnen wird. Im Verlauf des Spiels muß dann zur Überschreitung von S_{grenz} die Gegenchance höchstens 38mal häufiger als die bespielte Chance aufgetreten sein. Der erforderliche Minuscart ist also $E_{abs} \leq -38$. Die Möglichkeit eines solchen Minusecarts ist schon für relativ kurze Spielstrecken N gegeben. Dies wird deutlich, wenn man sich die Formel ($\rightarrow$ 50) für die Standardabweichung eines Ecarts vor Augen führt

$$\sigma = \sqrt{2pN}.$$

Hierin ist im diskutierten Fall $p = 18/37$ die Wahrscheinlichkeit eines Teils der Einfachen Chance. Stellt man die Gleichung nach N um, so erhält man mit $2p \approx 1$

$$N \approx \sigma^2.$$

Hiernach ist eine Standardabweichung des Ecarts von seinem Erwartungswert $E\{E_{abs}\}=0$ in der Höhe $E_{abs}=-38$ bereits für $N\approx38^2=1444$ gegeben. Diese Überlegung vermittelt eine erste vage Vorstellung über die mögliche Größenordnung der mittleren Spielstrecke zwischen solchen Minusecarts und – somit indirekt auch – der relativen Häufigkeit, mit der solche Minusecarts auftreten.

Um hierüber bzw. – präziser ausgedrückt – über die Häufigkeit von Partien, die durch Verlustcoups auf der Satzhöhe $S_{grenz}=37S$ verloren werden, genaueren Aufschluß zu erhalten, soll die d'Alembert-Progression über eine lange Spielstrecke hinweg simuliert werden. Die neuen Partien sollen dabei jeweils wieder mit $S=1$ begonnen werden. Für die Simulation wurde das im Anhang E präsentier-

Tabelle 22

```
PROGRESSION D'ALEMBERT AUF ROT


    Progressionsart                    : linear
    Spielstrecke                       : 16777216
    Progressionsinkrement              : 1
    Degressionsintervall               : 17000000
    Erlaubte maximale Satzhöhe         : 37


    Abs.Häufigkeit verlorener Partien  : 15740
    Rel.Häufigkeit verlorener Partien  : .000938
    Mittlere rel.Zerosteuer pro Satz   :+.013325

    Saldogewinn in Satzeinheiten       :-3131376
    Mittlere Verlustrate               :+0.18664

    Rot-Schwarz-Ecart                  : 1
    Gleicher Ecart statistisch         :+0.00025
    Zero-Zeroerwartung-Ecart           : .7297
    Gleicher Ecart statistisch         :+0.00110

    Vorgekommene höchste Satzstufe     : 37
    Zugeordnete Satzhöhe               : 37
    Statistisch mittlere Satzhöhe      :  13.994
    Letzte Satzstufe                   : 23
    Zugeordnete Satzhöhe               : 23

    Erlaubte Spielstrecke (Mindestwert) : 306
```

Satzstufe X	Satzhöhe S(X)	Häufigkeit N(X)	Trefferüber-schuss D(X)
1	1	759281	-10171
2	2	746727	-9602
3	3	735648	-11076
4	4	724392	-9792
5	5	711903	-9747
6	6	698759	-9233
7	7	684133	-7915
8	8	668731	-8891
9	9	652552	-7237
10	10	635933	-8278
11	11	620730	-8535
12	12	607943	-10787
13	13	593681	-6868
14	14	574582	-6466
15	15	556658	-7666
16	16	539204	-7054
17	17	521628	-7498
18	18	504318	-7624
19	19	486297	-6659
20	20	465761	-5031
21	21	444189	-5633
22	22	422949	-5701
23	23	401727	-5528
24	24	378866	-3800
25	25	355312	-5255
26	26	332691	-4474
27	27	309265	-4488
28	28	285555	-4377
29	29	261102	-3715
30	30	235166	-2681
31	31	208702	-3296
32	32	181583	-2201
33	33	153656	-2750
34	34	125777	-1856
35	35	95781	-648
36	36	63827	-452
37	37	32207	-571

te QBASIC-Programm benutzt. Um ein Resultat zu erhalten, das dem korrekten wahrscheinlichkeitstheoretischen Erwartungswert vermutlich sehr nahe kommt, wurde als Spielstrecke N die gesamte „Randomperiode" N_{RND} ($\rightarrow$ 109) ausgenutzt. Zeros und die Sperrung des Einsatzes werden durch das Programm korrekt simuliert. Nach einer Sperrung wird jeweils abgewartet, ob der Einsatz verfällt oder befreit wird. Bei Satzverlust durch Zero nach doppelter Sperrung wird nicht progressiert.

Die Ausgabedaten der Simulation sind zur Diskussion der Ergebnisse und Schlußfolgerungen in Tabelle 22 wiedergegeben. Zunächst werde auf die grundsätzlichen Punkte eingegangen:

- Wichtigste Erkenntnis, die sich aus den Simulationsdaten ergibt, ist die Tatsache, daß die d'Alembert zu erheblichen Spielverlusten führt. Als mittlere Verlustrate wird ein Wert von 0,18664 ausgewiesen, d. h., pro Coup und Einsatz ergibt sich ein Durchschnittsverlust von etwa 18,7% der Satzeinheit S.

- Trotz der „Schaukelstrategie" der d'Alembert, nämlich progressieren nach Verlustcoups und degressieren nach Treffern, ist auf keiner der Satzstufen $X = 1$ bis $X = 37$ ein Trefferüberschuß erzielt worden. Dies ist ein Ergebnis, das aufgrund der großen Häufigkeitswerte $N(X)$ der Coups für die einzelnen Satzstufen auch nicht überaschen kann: Betrachtet man nämlich eine der Satzstufen isoliert von den anderen, so ergibt sich für diese infolge der „Zerosteuer" ein Erwartungswert des Trefferüberschusses von ca. $-N(X)/74$. Dieser Sachverhalt gilt generell, also auch für jede andere Satzstufe, wobei die relative Streuung mit wachsendem N und somit auch wachsendem $N(X)$ immer geringer wird.

- Integral über alle Satzstufen hinweg ergibt sich infolgedessen der verzeichnete negative Saldogewinn.

- Die ausgewiesene Häufigkeit verlorener Partien ist 15740. Die relative Häufigkeit ist ca. 0,000938. Im statistischen Durchschnitt wurde nach jeweils 1066 Coups eine Partie verloren und das Spiel mit der Satzeinheit $S = 1$ für die nächste Partie fortgesetzt. Hiermit wurde die eingangs erörterte Voraussetzung für positive Gewinnerwartung, daß nämlich keine Partie

durch Verlustcoups auf der höchsten Satzstufe $S_{grenz} = 37$ verloren werden darf, ganz und garnicht erfüllt.

Wendet man sich nochmal der registrierten mittleren Verlustrate von 0,18664 pro Coup und Einsatz zu, so stellt sich die Frage nach einer einfachen und plausiblen mathematischen Begründung. Es bieten sich insbesondere zwei Ansätze an:

- Tabelle 22 weist als „statistisch mittlere Satzhöhe", die hier mit S_m bezeichnet werden soll, einen Wert $S_m = 13,994$ aus. S_m ist die Summe der Produkte $S(X)N(X)/N$ über alle Satzstufen X ($\rightarrow$ Anhang E). Der Erwartungswert der Satzhöhe und somit auch von S_m ist die Summe der Produkte $S(X)p(X)$, wobei $p(X)$ die unbekannte Wahrscheinlichkeit eines Einsatzes auf der Satzstufe X darstellt. Für S_m sind anstelle der $p(X)$-Werte die relativen Häufigkeiten $h(X) = N(X)/N$ eingesetzt. Gegenüber dem Erwartungswert von S_m ergeben sich also Abweichungen durch die statistischen Streuungen der $N(X)$-Werte gegenüber ihren Erwartungswerten. Offenkundig ist der Erwartungswert der Verlustrate für die d'Alembert $E\{v\} = E\{v_0\}E\{S_m\}$, wobei $E\{v_0\} \approx 0,01332$ ($\rightarrow$ 63), die „Zerosteuer" darstellt, die mit dieser numerischen Auflösung nahezu auch dem Simulationsergebnis 0,013325 gemäß Tabelle 22 gleicht, das mit v_0 bezeichnet werden soll. Als Näherung für die statistische Verlustrate resultiert

$$v \approx v_0 S_m = 0,18647.$$

Die geringe Abweichung vom registrierten Wert 0,18664 ergibt sich infolge der statistischen Streuungen der einzelnen $N(X)$ und $D(X)$ gegenüber den Erwartungswerten.

- Mit der relativen Häufigkeit verlorener Partien, die hier als h_- bezeichnet werden soll und die bei der Simulation gemäß Tabelle 22 0,000938 betrug, ergibt sich als weiterer einfacher Ansatz, die aufgetretene Verlustrate „nachzuvollziehen", folgende grobe Näherung:

$$v \approx Vh_- - S/2.$$

Hierin ist V der Saldoverlust einer Partie ohne Berücksichtigung der zwischenzeitlichen d'Alembertschen Gewinnrate S/2=0,5 (→ 87). V ist also die arithmetische Summe der Satzhöhen 1 bis S_{grenz} = 37 nämlich V = S_{grenz} (S_{grenz}+1)/2 = 703. Mit diesen Zahlenwerten folgt

$$v \approx 0,6594 - 0,5 = 0,1594.$$

Dieser Näherungswert unterscheidet sich erwartungsgemäß etwas deutlicher vom Simulationsergebnis 0,18664. Die benutzte Näherungsformel zeigt jedoch sehr anschaulich, daß v nur dann negativ sein kann, also Saldogewinne möglich sind, wenn die Häufigkeit verlorener Partien um mindestens ca. 25% geringer als der tatsächlich aufgetretene Wert ist.

Über lange Spielstrecken hinweg ist diese Voraussetzung aber nie erfüllt. Wie bei anderen Progressionen im Verlustfall ist für die d'Alembert jedoch eine „erlaubte Spielstrecke" definierbar, für welche die Wahrscheinlichkeit eines Maximalsatzverlustes eine vorgegebene Grenze, beispielsweise 25%, nicht überschreitet. Gegebenenfalls ist dann das Spielresultat zwar nicht zwingend, jedoch als Erwartungswert positiv. „Erlaubte Spielstrecke" und zugeordnete Gewinnerwartung sollen im folgenden bestimmt werden.

Die Wahrscheinlichkeit p eines Maximalsatzverlustes der Höhe S_{grenz} = 37S ist mit dem Erwartungswert der relativen Häufigkeit verlorener Partien identisch. Das statistische Ergebnis der d'Alembert-Simulation für die re-

lative Häufigkeit verlorener Partien, das dem Erwartungswert vermutlich nahekommt, ist in Tabelle 22 angegeben. Man darf also mit vermutlich guter Näherung den Tabellenwert mit p gleichsetzen:

$$p \approx 0,000938.$$

Hiermit ergibt sich gemäß Gl. (c) als „erlaubte Spielstrecke" (→ 74)

$$N_{erl} = \log(0,75)/\log(1-p) \approx 307$$

Annahme ist, daß für diese Spielstrecke die Wahrscheinlichkeit des Nichtvorkommens eines Maximalsatzverlustes der Höhe 37S 0,75 beträgt.

Zur Überprüfung wurden mit einer Variante des im Anhang E beschriebenen Programmes Spielsimulationen durchgeführt, bei welchen jeweils eine große Anzahl von Partien der d'Alembert über eine vorgegebene Teilspielstrecke N in der erwarteten Größenordnung von N_{erl} simuliert wurden. Die einzelne Partie wurde dabei beendet, wenn sie verloren wurde, also innerhalb der vorgegebenen Teilspielstrecke ein Maximalsatzverlust der Höhe 37 erfolgte, und auch, wenn die vorgegebene Teilspielstrecke ohne Maximalsatzverlust abgelaufen war. Die nächste Partie wurde dann jeweils mit der Satzhöhe 1 begonnen. Partien ohne Maximalsatzverlust wurden als „gewonnene Partien" gewertet. Zu den registrierten statistischen Daten gehörten die Häufigkeiten verlorener und gewonnener Partien, die an dieser Stelle mit H_- und H_+ bezeichnet werden sollen. Für N = N_{erl} mußte gemäß Definition der „erlaubten Spielstrecke" N_{erl} eine Häufigkeitsrelation von näherungsweise $H_+/H_- = 3$ resultieren. Von den beiden besten Annäherung an diese Häufigkeitsrelation, die bereits sehr dicht oberhalb und unterhalb von 3 lagen, ergaben sich schließlich durch Interpolation folgende Ergebnisse:

Erlaubte Spielstrecke,	N_{erl}	= 499 Coups
Häufigkeitsrelation,	H_+/H_-	= 3
Relative Häufigkeit verlorener Partien,	$h_- = H_-/N_{tot}$	= 541,23·10⁻⁶
Mittlere Spielstrecke für verlorene Partien,	N_-	= 346,49 Coups
Mittlerer Spielverlust verlorener Partien,	V	= 551,56 S
Mittlerer Spielgewinn gewonnener Partien	G	= 88,21 S

Die zwei zugrundeliegenden Spielsimulationen wurden jeweils über annähernd eine vollständige „Randomperiode" (→ 109) von Coups durchgeführt, so daß die Ergebnisse den exakten theoretischen Erwartungswerten vermutlich sehr nahe kommen.

Wesentliches Fazit der Simulation ist allerdings, daß die „erlaubte Spielstrecke" N_{erl} = 499 nicht unbeträchtlich über dem eingangs berechneten Wert von 307 liegt. Die Ursache für diese Abweichung wird deutlich, wenn man sich vergegenwärtigt, daß bei der Simulation gemäß Anhang E und den in Tabelle 22 aufgeführten Ergebnissen Partieabbrüche nur dann erfolgen, wenn ein Maximalsatz 37 verloren wird. Bei der zuletzt beschriebenen Simulationsvariante hingegen werden Partien auch abgebrochen, wenn 499 Coups absolviert sind, um dann jeweils mit Satzhöhe 1 die nächste Partie zu beginnen. Solche Partien werden aber auf einer Satzhöhe abgeschlossen, die im allgemeinen erheblich über 1 liegt. Infolgedessen verringert sich die Wahrscheinlichkeit p eines Maximalsatzverlustes gegenüber der Simulationsart nach Anhang E, bei der ja nach Erreichen dieser größeren Satzhöhe das Spiel fortgesetzt wird, bis schließlich ein Maximalsatzverlust erfolgt. Diese geringere Wahrscheinlichkeit p ist dann in die eingangs benutzte Formel für N_{erl} einzusetzen. Da angenommen werden darf, daß die oben angegebene relative Häufigkeit h_- verlorener Partien mit dem diesbezüglichen

Erwartungswert und somit auch p nahezu identisch ist, resultiert

$$N_{erl} \approx \log(0,75)/\log(1-h_-) \approx 531.$$

Dieses Ergebnis ist tatsächlich dem ausschließlich durch Simulation ermittelten Wert von 499 sehr ähnlich, wodurch die vorangegangenen Erörterungen bestätigt werden.

Die der „erlaubten Spielstrecke" zugeordnete Gewinnerwartung ist, wie unter den Simulationsdaten angegeben, ca. G = 88,21 Satzeinheiten S. Da im Prinzip die größte Satzhöhe von 37 Einheiten dem Spieltischmaximum angeglichen werden kann, wäre bei Spieltischen mit einem Maximum/Minimum-Verhältnis von 1400 ein Grundeinsatz und Progressionsinkrement vom 37-fachen (Ganzzahlwert von 1400/37) des Minimums möglich. Faßt man dieses Minimum als Satzeinheit auf, so würde die der „erlaubten Spielstrecke" zugeordnete Gewinnerwartung 37G ≈ 3264 Satzeinheiten umfassen. Im nur 25% wahrscheinlichen Fall eines Maximalsatzverlustes beträgt der zu erwartende Verlust allerdings 37V ≈ 20408 Satzeinheiten, wenn man nur den mittleren Verlust verlorener Partien in Rechnung stellt. Man erkennt hieraus die Problematik selbst einer Beschränkung auf die „erlaubte Spielstrecke".

Abschließend sei darauf hingewiesen, daß der durch Simulation bestimmte mittlere Gewinn für Partien ohne Maximalsatzverlust nicht bedeutet, daß jede derartige Partie wirklich mit einem Gewinn abgeschlossen wird. Ein geringer Teil solcher Partien weist am Ende der „erlaubten Spielstrecke" auch Saldoverluste auf. Das ist dann der Fall, wenn die Partie mit einem hohen Satzstand abgeschlossen wird. Die Streuung um den Erwartungswert des Gewinns ist also groß und erstreckt sich bis in die Verlustzone.

Die d'Alembert mit geometrischer Progression

Das Wirkungsprinzip der im vorangegangenen Kapitel behandelten d'Alembert ist derartig eindrucksvoll, daß es sinnvoll erscheint, einige Überlegungen über Varianten dieses Progressionsspiels anzustellen, die eine wesentliche Erhöhung der „erlaubten Spielstrecke" ermöglichen. Unter dieser soll wie bisher jene Spielstrecke verstanden werden, für welche die Wahrscheinlichkeit einer Überschreitung der dem Spieltischmaximum zugeordneten oberen Satzgrenze geringer als ein vorgegebener Grenzwert, beispielsweise 25%, bleibt. Eine wesentliche Erhöhung dieser „erlaubten Spielstrecke" bewirkt natürlich auch eine ebenso deutliche Erhöhung jener Spielstrecke, die im statistischen Durchschnitt zu dem sogenannten Platzer führt, welcher ein vorgegebenes Spiel- oder Risikokapital des Spielenden aufzehrt, das sich jedoch nicht an dem Spieltischmaximum orientieren muß, sondern mögliche Verluste für vergleichsweise auch erheblich geringere Satzhöhen absichern soll.

Führt man sich die Grundwirkungsweise der d'Alembert nochmals vor Augen, so genügt es, eine Equilibre-Situation von bespielter Chance und Gegenchance über zwei Coups zu betrachten. Der für den ersten Coup getätigte Einsatz der Höhe S_1 werde verloren, der zweite Einsatz in der Höhe S_1+S werde gewonnen, wobei S das benutzte Progressionsinkrement darstellt. Dann ist der Saldogewinn:

$$-S_1 + (S_1+S) = S.$$

Die resultierende Gewinnrate, also der mittlere Gewinn pro Coup, ist infolgedessen $S/2$. Dieser Sachverhalt gilt auch für längere ausgeglichene Spielstrecken, solange keine Zero erscheint. Der Umstand, daß dies jedoch möglich ist, bewirkt eine Reduzierung der zu erwartenden Gewinnrate um die „Zerosteuer" von ca. $1/74 = 1,35\%$ pro Coup. Da die mittlere Satzhöhe über ausgeglichene Spielstrecken identisch mit der Anfangssatzhöhe S_1 ist, wenn vorausgesetzt wird, daß nach Zeroverlusten nicht progressiert wird, resultiert als zu erwartende Gewinnrate unter Berücksichtigung der „Zerosteuer":

$$E\{g\} \approx S/2 - S_1/74.$$

Wie im vorangegangenen Kapitel bereits erörtert wurde, ergibt sich infolgedessen eine Grenzsatzhöhe S_{grenz}, oberhalb welcher die Gewinnrate negativ wird, also Verluste zu erwarten sind. Diese Grenze ist durch $E\{g\}=0$ festgelegt. Es folgt:

$$S_{grenz} \approx 37S.$$

Die Verringerung der Gewinnrate $E\{g\}$ mit wachsender Satzhöhe S_1 beruht einfach darauf, daß bei der vorausgesetzten linearen Progression mit konstantem, d.h. von der Satzhöhe unabhängigem Progressionsinkrement S die Grundgewinnrate $S/2$ ebenfalls von der mittleren Satzhöhe unabhängig ist, die abzügliche „Zerosteuer" $S_1/74$ sich jedoch proportional zur Satzhöhe verhält. Dieser Nachteil des Progressionsverfahrens kann jedoch auf einfache Weise vermieden werden: Wird anstelle einer linearen Progression eine geometrische Progression durchgeführt, so ergibt sich nach zwei Realisationen von Gegenchance und Chance folgender Saldogewinn:

$$-S_1 + aS_1 = (a-1)S_1.$$

In dieser Gleichung ist a der Progressionsfaktor, mit dem nach einem verlorenen Satz die zugeordnete Satzhöhe multipliziert werden muß, um die nächste Satzhöhe zu berechnen. Umgekehrt wird nach einem gewonnenen Satz die zugeordnete Satzhöhe durch a dividiert, um die nächste Satzhöhe zu bestimmen. Da die „Zerosteuer" erhalten bleibt, ergibt sich dann als Erwartungswert der Gewinnrate über eine hinsichtlich der bespielten Chance und Gegenchance ausgeglichene Spielstrecke mit geringen Teilecarts beider Chancenteile:

$$E\{g\} \approx (a-1)S_1/2 - S_1/74$$
$$\approx (a/2 - 38/74)S_1.$$

Es folgt, daß für positive Erwartungswerte a größer als 38/37=1,027 sein muß. Die zu erwartende Gewinnrate bleibt dann für jede Satzhöhe positiv und vergrößert sich mit dieser proportional.

Dieses geometrische Progressionsverfahren vermeidet also ganz den gewinnaufzehrenden Effekt der „Zerosteuer" bei der linearen Progression und großen Satzhöhen. Einer Drift nach größeren Satzhöhen hin infolge der satzsperrenden Zeros kann durch Degression um jeweils eine Satzstufe nach befreienden Treffercoups begegnet werden. Über lange ausgeglichene Spielstrecken bleibt dann das Satzhöhenniveau konstant, abgesehen von Effekten, die bei entsprechenden Plusecarts dadurch auftreten können, daß auf der minimalen Satzhöhe gewonnen und nach dem ersten Verlust unmittelbar wieder progressiert wird.

Leider ist jedoch festzustellen, daß mit der erörterten geometrischen Progression durchaus nicht alle Risiken ausgeschaltet sind. Es verbleibt ja wie bei der originären d'Alembert die Gefahr großer Minusecarts des bespielten Chancenteils. Während des Auftretens solcher Minusecarts vergrößert sich die laufende Satzhöhe infolge des Progressionsverfahrens ständig. Um die Gefahr gering zu halten, an die durch das vorhandene Risikokapital oder das Spieltischmaximum festgelegte Grenze zu stoßen, ist es also empfehlenswert, den Progressionsfaktor a möglichst gering zu halten und sich somit für ausgeglichene Spielstrecken auf geringe Gewinnraten zu beschränken. Doch auch diese Maßnahme schaltet das Risiko von Platzern nicht vollends aus, da ausreichend große Minusecarts über lange Spielstrecken mit an Sicherheit grenzender Wahrscheinlichkeit auftreten werden.

Es ist deshalb eine Satztechnik zweckmäßig, die einen permanent die Satzhöhe reduzierenden Effekt bewirkt. Hierfür bietet sich an, nach vorgegebenen Intervallen ΔN der Spielstrecke die aktuelle Satzstufe um jeweils eine Stufe zu verringern. Da diese Maßnahme einen gewinnmindernden Effekt zur Folge hat, ist es erforderlich, a und ΔN aneinander anzupassen, und zwar in der Weise, daß bei größeren Progressionsfaktoren a ein vergleichsweise geringeres Degressionsintervall ΔN gewählt wird als für kleinere Progressionsfaktoren.

Im Anhang E wird für die d'Alembert ein BASIC-Programm vorgelegt und erläutert, mit dem sowohl lineare als auch geometrische Progression simuliert werden kann. Im letzteren Fall sind die Länge der zu simulierenden Spielstrecke, die erlaubte höchste Satzstufe, das Degressionsintervall und der Progressionsfaktor mit der Dateneingabe frei wählbar. Die den einzelnen Satzstufen X zugeordneten Satzhöhen S(X) werden am Anfang des Programmablaufs durch den Rechner nach folgendem Algorithmus festgelegt:

$$S(X) = INT(A^{X-1}+0,5).$$

Die Integer-Funktion INT( ) stellt die im Klammerausdruck enthaltene größte ganze Zahl dar. Beispielsweise gilt INT(3,6)=3. Die gewonnenen und im folgenden zu diskutierenden Simulationsergebnisse beruhen auf einer nahezu vollständigen Ausnutzung des möglichen Bereiches der Satzhöhe zwischen Minimum und Maximum, wobei ein Verhältnis dieser beiden Extremwerte von 1:1400 vorausgesetzt wurde. Dies ist bei einigen Spielbanken in der Bundesrepublik Deutschland an Spieltischen mit Mindesteinsätzen bis maximal DM 10,– der Fall.

In Tabelle 23 sind die Eingabedaten und statistischen Ergebnisse von fünf Spielsimulationen zusammengestellt. Jede Simulation erfolgte über eine Spielstrecke N_{RND}, also die gesamte „Randomperiode" (→ 109), so daß der Ecart von bespielter Chance, im Programm mit „Rot" bezeichnet, gegenüber der Gegen-chance (Schwarz) und der Ecart der Zero-häufigkeit gegenüber ihrem Erwartungswert, die jeweils 1 bzw. 0,73 betrugen, als quasi-null bewertet werden können. Somit darf davon ausgegangen werden, daß die statistischen Ergebnisse nahe bei den exakten theoretischen Erwartungswerten liegen. Bei Verlustcoups durch Zero nach doppelter Sperrung wurde nicht progressiert. Nach Maximalsatzverlusten wurde das Spiel jeweils mit Satzstufe X = 1 auf Satzhöhe S = 1 fortgesetzt. Weitere Details der Simulation können der Beschreibung im Anhang E entnommen werden.

Die mittlere relative „Zerosteuer" betrug bei allen Simulationen einheitlich 1,332498% und lag somit nur um 100ppm (1 ppm = 1 Teil von 1 Million) über dem exakten theoretischen Erwartungswert von 1,332405 (→ 63). Die in den vier unteren Zeilen der Tabelle aufgeführten Daten wurden wie für die lineare d'Alembert (→ 92) mit einer ad hoc-Variante des im Anhang E präsentierten Simulationsprogrammes ermittelt. Die „erlaubten Spielstrecken" liegen jedoch wesentlich näher bei den Mindestwerten, die mit dem unmodifizierten Programm ausgedruckt werden. Der

Tabelle 23

Simulation Nr.	1	2	3	4	5
Progressionsfaktor	1,05	1,1	1,15	1,2	1,3
Degressionsintervall	55	35	20	15	11
Erlaubte maximale Satzhöhe	1400	1400	1400	1400	1400
Anzahl von Satzstufen	149	77	52	40	28
Relative Häufigkeit verlorener Partien	27ppm	65ppm	63ppm	81ppm	156ppm
Mittlere Verlustrate	0,526	0,451	0,251	0,215	0,222
„Erlaubte Spielstrecke"	14165	5163	4933	3761	1981
Zugeordneter mittlerer Gewinn	1160	1514	1306	1142	965
Mittlere Spielstrecke verlorener Partien	8260	3104	2677	1925	1034
Zugeordneter mittlerer Verlust	25080	11824	7918	6203	4316

Grund hierfür ist, daß infolge der regelmäßigen Verringerung der Satzstufe um 1 in Abständen des Degressionsintervalls die durchschnittliche Satzstufe am Ende der „erlaubten Spielstrecke" im relativen Vergleich wesentlich tiefer als bei der linearen d'Alembert liegt, die ja ohne solche Degressionen simuliert wurde.

Als Quintessenz der in Tabelle 23 aufgeführten Ergebnisse kann folgendes festgestellt werden:

- Wie die originäre d'Alembert mit linearer Progression ist auch die d'Alembert mit geometrischer Progression defizitär. Für die gewählten Progressionsfaktoren und Degressionsintervalle ergeben sich mittlere Verlustraten von 0,215 bis 0,526 von der Satzeinheit pro Coup. Der Vergleichswert der originären d'Alembert ist mit der Verlustrate 0,18664 gemäß Tabelle 22 etwa $37 \cdot 0,18664 = 6,906$, wenn nämlich auch bei dieser eine maximale Satzhöhe von 1400 Satzeinheiten ausgenutzt wird.
- Diese erhebliche Differenz der mittleren Verlustraten bedeutet jedoch lediglich, daß die geometrische Progression einschließlich der praktizierten periodischen Satzstufenverringerung eine vergleichsweise wesentlich vorsichtigere Progressionsart darstellt und infolgedessen zu deutlich längeren „erlaubten Spielstrecken" führt:
- Diese liegen im Bereich von 1981 bis 14165 gegenüber 499 Coups der originären d'Alembert. Die zugeordneten mittleren Gewinne liegen jedoch im Bereich von 965 bis 1514 Satzeinheiten und sind folglich deutlich geringer als bei der originären d'Alembert mit 3264 Satzeinheiten ($\rightarrow$ 92). Die vorsichtigere Satzsteigerungstechnik führt also weder diesbezüglich noch hinsichtlich der angestrebten Rendite über lange Spielstrecken zum gewünschten Erfolg.

- Auch hinsichtlich der d'Alembert mit geometrischer Satzsteigerungstechnik muß darauf hingewiesen werden, daß bei Beschränkung auf die „erlaubte Spielstrecke" die Wahrscheinlichkeit des Fiaskos einer verlorenen Partie mit 0,25 zwar nicht sehr groß ist, daß andererseits jedoch in einem solchen Risikofall enorme Spielverluste zu erwarten sind. Diese liegen gemäß Tabelle 23 erheblich über den zu erwartenden Gewinnen bei Partien ohne Maximalsatzverlusten. Die Gewinne selbst unterliegen zudem erheblichen Streuungen, die sich bis in die Verlustzone erstrecken können, in solchen Fällen per Saldo also Verluste bewirken.

Eine Grunderkenntnis aus den vorliegenden Untersuchungsergebnissen über Verlustprogressionen ist, daß vorsichtigere Progressionstechniken gegenüber der methodisch zugrundeliegenden wesentlich steileren Progressionstechnik, beispielsweise

„modifizierte Martingale" versus einfacher Martingale,
Progression Deance versus einfacher Martingale,
„Mehrfachmartingale" mit m>4 versus Progression Deance,
„geometrische d'Alembert" versus originärer d'Alembert

die relative Häufigkeit verlorener Partien zwar erheblich reduzieren und somit die „erlaubte Spielstrecke" wesentlich verlängern, jedoch keine oder nur eine geringfügige Erhöhung der Gewinnerwartung auf dieser ohne Maximalsatzverlust absolvierten Spielstrecke bewirken. Ferner kann aufgrund der Untersuchungsergebnisse für die Mehrfachmartingalen und die d'Alembert-Progressionen mit geometrischer Satzsteigerung festgestellt werden, daß bei gegebener Grundmethode diese Gewinnerwartung mit schwächer werdender Progression ein Maximum durchläuft, um schließlich bei noch vorsichtigerer Satzsteigerungstechnik aufgrund der sich stärker auswirkenden „Zerosteuer" wieder abzufallen.

Die „erlaubte Spielstrecke" durchläuft entweder ebenfalls ein Maximum oder steigt weiter an. Der Traum eines passionierten Spielers, nämlich eine unlimitierte Spielstrecke bei guter Rendite, ist also auch mit besonders vorsichtigen Progressionstechniken nicht realisierbar.

Tabelle 24 bietet eine Übersicht über die „erlaubten Spielstrecken" N_{erl} und die zugeordneten mittleren Saldogewinne G für die Hauptrepräsentanten aller untersuchten Verlustprogressionen. Sowohl N_{erl} als auch G sind statistische Mittelwerte als Ergebnis von Spielsimulationen, jedoch aufgrund der erläuterten Rahmenbedingungen dieser Simulationen vermutlich gute Annäherungen an die diesbezüglichen exakten Erwartungswerte.

Tabelle 24

Progressionsart	Referenz	N_{erl}	G
Martingale	S. 76, Tab. 15	1096	506
Modifizierte Martingale, a=1,9	S. 76, Tab. 15	2110	571
Amerikanische Martingale, m=6, 200S	S. 78, Tab. 15	70	1281
Progression Deance, M=4	S. 80, Tab. 18	5168	950
Mehrfachmartingale, M=7	S. 80, Tab. 18	11172	1250
d'Alembert, 37S	S. 90–91	499	3264
Geometrische d'Alembert *, a = 1,1	S. 96, Tab. 23	5163	1514
Geometrische d'Alembert *, a= 1,2	S. 96, Tab. 23	3761	1142

* Abweichend von den ersten vier Buchauflagen wird bei den geometrischen d'Alembert-Progressionen eine Erstsatzhöhe von 1S (→ 95), also einer Satzeinheit in der Höhe des Spieltischminimums, anstelle von 0 Satzeinheiten zugrundegelegt, wodurch sich bei wenig differierendem G die „erlaubte Spielstrecke" N_{erl} erheblich verringert.

Die N_{erl}- und G-Werte der Tabelle basieren auf einem 25%-Risiko für das Vorkommen eines Maximalsatzverlustes und eines damit verbundenen Progressionsabbruches sowie auf Ausnutzung eines Spieltischmaximums, das dem 1400fachen des Mindesteinsatzes entspricht. Die Einheit der angegebenen Gewinne G ist das Spieltischminimum.

Die tabellierten Werte zeigen, daß die originäre d'Alembert – allerdings mit dem 37fachen des Spieltischminimums als Satzdifferenz gespielt – über eine vergleichsweise kurze „erlaubte Spielstrecke" den größten Saldogewinn G aufweist. Demgegenüber sind die Saldogewinne der anderen Verlustprogressionen deutlich geringer bei – mit Ausnahme der amerikanischen Martingale – wesentlich längeren „erlaubten Spielstrecken".

Zur richtigen Einordnung und Bewertung dieser Ergebnisse sind insbesondere folgende Punkte zu berücksichtigen:

1. Die angegebenen Saldogewinne G stellen Mittelwerte des Spielresultats nach konsequent durchgeführtem Progressionsspiel über die ausgewiesene „erlaubte Spielstrecke" dar. Das setzt allerdings voraus, daß während des Spielverlaufs kein Verlustcoup auf der größtmöglichen Satzhöhe erfolgt. Die Wahrscheinlichkeit, daß dieser Risikofall nicht eintritt, beträgt 75%.
2. Der tatsächlich erzielbare Saldogewinn weist gegenüber dem Mittelwert G eine große Streubreite auf. Dies gilt insbesondere für die beiden d'Alembert-Progressionen, bei denen auch die Endsatzhöhe einen größeren Einfluß auf das Gesamtergebnis hat. Bei den anderen Progressionen ist letzteres nicht der Fall, da die betrachtete Spielstrecke geringfügig so weit verlängert werden kann, bis die letzte Partie erfolgreich abgeschlossen ist. Wichtige Einflußgrößen auf den Ertrag sind bei allen

Progressionsarten die tatsächlich auftretende Zerorate und die Ausgewogenheit bzw. Unausgewogenheit (Ecart) von gewinnender und verlierender Chance.

3. Die angegebenen Saldogewinne stellen insofern absolut maximale Erwartungswerte dar, als eine konsequente Ausnutzung des Spieltischmaximums vorausgesetzt wird. Falls es während einer Progressionsphase erforderlich ist, wird also bis zum Spieltischmaximum erhöht. Es wurde angenommen, daß dieses Spieltischmaximum dem 1400fachen des Minimums entspricht.

Während die amerikanische Martingale und die originäre d'Alembert mit den vorausgesetzten 7 bzw. 37 Satzstufen problemlos auf geringere Satzhöhen verringert werden können und dann proportional geringere Gewinnerwartungen über die platzerfrei absolvierte „erlaubte Spielstrecke" ermöglichen, ist dies bei den anderen Progressionsarten nicht möglich. Für diese wurde ja vorausgesetzt, daß die geringste Satzhöhe dem Spieltischminimum entspricht. Es besteht jedoch die Möglichkeit, die Anzahl der Progressionsstufen und hierdurch die größten Satzhöhen zu verringern. Allerdings ergeben sich dann vergleichsweise kürzere „erlaubte Spielstrecken" und geringere zugeordnete Gewinnerwartungen.

4. Zur richtigen Einordnung der angegebenen Saldogewinne für die platzerfreie „erlaubte Spielstrecke" muß ferner die hohe Verlusterwartung für den Risikofall in Betracht gezogen werden. Die Höhe dieses Verlustes ist ein Vielfaches des zu erwartenden Gewinnes für den platzerfreien Spielverlauf und ist um so größer, je länger die „erlaubte Spielstrecke" ist (→ 95).

Tabelle 25

```
PROGRESSION D'ALEMBERT AUF ROT

Progressionsart                        : geometr.
Spielstrecke                           : 3761
Progressionsfaktor                     : 1.2
Degressionsintervall                   : 15
Erlaubte maximale Satzhöhe             : 1400


Abs.Häufigkeit verlorener Partien      : 0
Rel.Häufigkeit verlorener Partien      : .000000
Mittlere rel.Zerosteuer pro Satz       :+.011699

Saldogewinn in Satzeinheiten           : 1231
Mittlere Verlustrate                   :-0.32731

Rot-Schwarz-Ecart                      : 9
Gleicher Ecart statistisch             :+0.14878
Zero-Zeroerwartung-Ecart               : 8.3514
Gleicher Ecart statistisch             :+0.83976

Vorgekommene höchste Satzstufe         : 32
Zugeordnete Satzhöhe                   : 285
Statistisch mittlere Satzhöhe          :  10.097
Letzte Satzstufe                       : 9
Zugeordnete Satzhöhe                   : 4
```

Satzstufe X	Satzhöhe S(X)	Häufigkeit N(X)	Trefferüberschuss D(X)
1	1	433	-40
2	1	422	-8
3	1	363	+20
4	2	329	-32
5	2	302	+18
6	2	251	-5
7	3	223	-9
8	4	203	-7
9	4	169	+23
10	5	120	+4
11	6	106	+1
12	7	92	-10
13	9	86	+6
14	11	82	-4
15	13	78	-3
16	15	80	-15
17	18	82	+1
18	22	63	+5
19	27	44	+12
20	32	31	-6
21	38	28	+5
22	46	18	+2
23	55	19	+0
24	66	14	+0
25	79	11	-3
26	95	15	-1
27	114	18	-5
28	137	30	-4
29	165	21	+3
30	198	15	+3
31	237	9	+1
32	285	4	+4

Der Ergebnisausdruck eines Simulationslaufes für die d'Alembert mit dem im Anhang E beschriebenen Rechnerprogramm ist in Tabelle 25 wiedergegeben. Die Simulation wurde für geometrische Progression mit dem Progressionsfaktor 1,2 und die „erlaubte Spielstrecke" von 3761 Coups durchgeführt. Das simulierte Spiel wurde mit einem Saldogewinn von 1231 Satzeinheiten, also etwa in der Höhe des zu erwartenden statistischen Mittelwertes G = 1142 nach Tabelle 23, abgeschlossen. Vom Gesamtbereich 1 bis 40 der Satzstufen und zugeordneten Satzhöhen wurde der Bereich von 1 bis 32 ausgenutzt. Die letzte Satzstufe der Spielsimulation war 9.

Der Ergebnisausdruck umfaßt auch eine Liste mit den vorgekommenen einzelnen Satzstufen X, den zugeordneten Satzhöhen S(X), Satzhäufigkeiten N(X) und Trefferüberschüssen D(X). Man erkennt aus dieser Liste, daß die d'Alembert-Strategie, einen Trefferüberschuß mit den größeren Satzhöhen S(X) zu erzielen und Satzverluste möglichst auf geringere Satzhöhen zu beschränken, tendenziell erfolgreich war. Dieser Sachverhalt wird durch Diagramm 6 verdeutlicht, in welchem die den einzelnen Satzstufen X zugeordneten Trefferüberschüsse D(X) dargestellt sind. Der positive Saldo von 1231 Satzeinheiten der Gewinn-/Verlustbilanz ergibt sich hauptsächlich aufgrund der auf den höchsten Satzstufen erzielten Gewinne S(X)D(X). Dies ist besonders anschaulich aus Diagramm 7 ersichtlich, in welchem die den Satzstufen von 1 bis X zugeordnete Summe der Produkte S(X)D(X) über X dargestellt ist, so daß für X = 32 der Saldo $G_{kumaltiv}$ =1231 resultiert. Auffällig ist die Tatsache, daß sich dieser Spielgewinn lediglich aus den Trefferüberschüssen auf den höchsten Satzstufen ergibt: Im vorliegenden Fall sind von Satzstu-

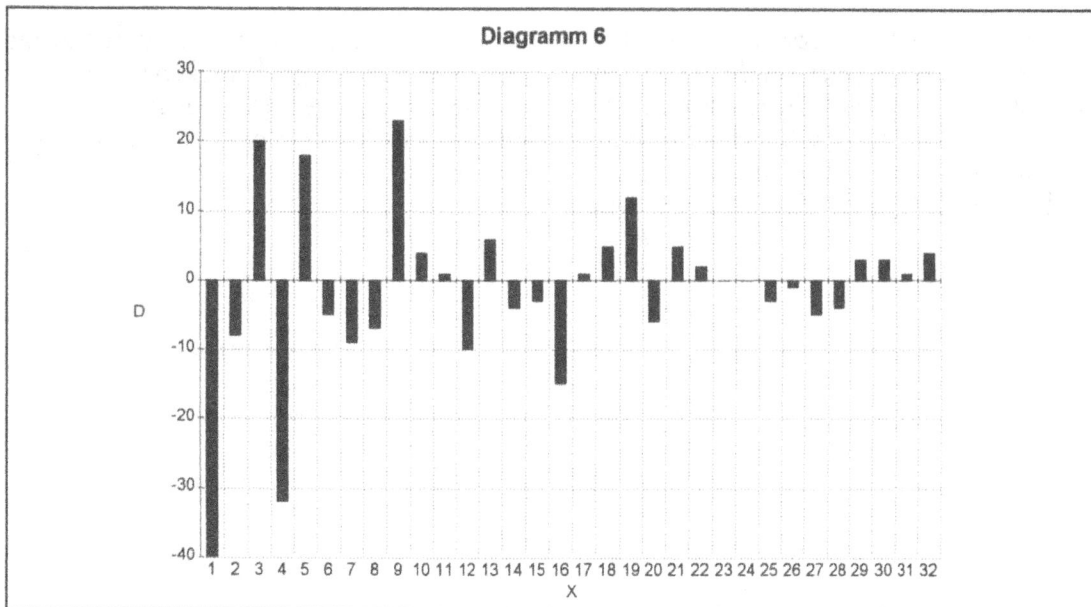

Diagramm 6
Trefferüberschüsse D(X) auf den einzelnen Satzstufen X gemäß Tabelle 25

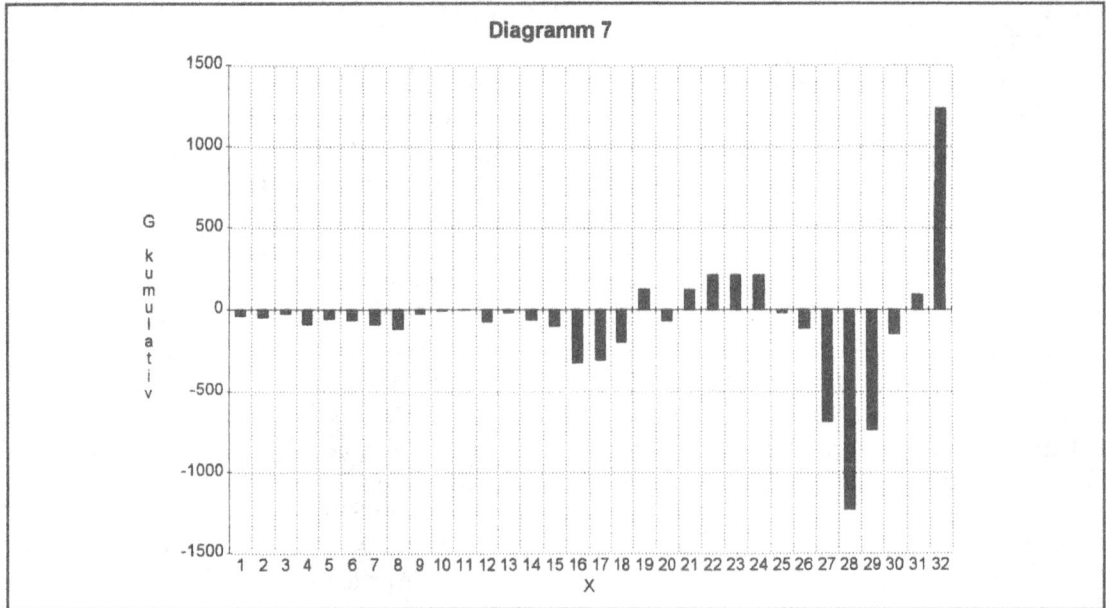

Diagramm 7
Kumulativer Spielgewinn $G_{kumulativ} = \Sigma\ S(X)D(X)$ für die Satzstufen X = 1 bis X

fe 1 bis einschließlich Satzstufe 28 erhebliche Verluste aufgelaufen; erst oberhalb von Satzstufe 28 werden diese Verluste zunächst ausgeglichen und schließlich auf den beiden höchsten Stufen 31 und 32 in den integralen Spielgewinn umgewandelt. Diese Auffällig-

keit ist zugleich charakteristisch für derartige Partien, d. h., prinzipiell ähnliche Ergebnisse sind bei allen platzerfreien Partien zu erwarten, die mit einem positiven Saldo abgeschlossen werden.

Gewinnprogressionen

Eines der möglichen Konzepte einer Gewinnprogression, also einer Progression im Gewinnfall, bei welcher Satzerhöhungen nach Treffern vorgenommen werden, ist das bereits untersuchte und erörterte Parolispiel. Bei diesem Progressionsspiel werden nach einem Treffer Satz und Gewinn auf dem bespielten Chancenteil stehengelassen. Erfolgt dann allerdings ein Satzverlust, so wird dieser Progressionsvorgang mit dem Verlust der ursprünglichen Satzhöhe abgeschlossen.

Die gewissermaßen raffinierteren Gewinnprogressionen basieren auf der Strategie, Satzerhöhungen nach Treffern in gemäßigter Weise vorzunehmen, und zwar so, daß für jeden Progressionslauf ungünstigstenfalls lediglich ein Satzausgleich, im allgemeinen jedoch ein Überschuß erzielt wird, der mit der Anzahl vorgekommener Treffer überproportional ansteigt. Spieler dieser Progressionsart meinen hierdurch in den Progressionsphasen Erträge erzielen zu können, welche die Verluste der mit konstanter Satzhöhe ausgeführten Verlustcoupphasen überwiegen. Ob diese Meinung tatsächlich gerechtfertigt ist, soll im folgenden untersucht und erörtert werden.

Zu diesem Zweck werde ein exemplarisches Progressionsschema für Einfache Chancen ins Auge gefaßt:

2 – 2 – 3 – 4 – 5 – 6 – ...

Der Grundeinsatz beträgt 2. Nach einem Treffer wird diese Satzhöhe zunächst wiederholt. Erst nach weiteren Treffern wird dann die Satzhöhe um jeweils 1 erhöht, bis der erste Satzverlust erfolgt. Danach wird wieder mit dem Grundeinsatz 2 begonnen. Treten Verlustcoups hintereinander auf, so wird keine Satzsteigerung vorgenommen, sondern die

Satzhöhe 2 konstant gehalten. Für die einzelnen jeweils mit einem Verlustcoup abgeschlossenen Progressionsläufe ergeben sich folgende Saldogewinne:

0 – 1 – 3 – 6 – 10 – ...

Ein Satzausgleich erfolgt also nur dann, wenn unmittelbar nach dem ersten Treffer ein Verlustcoup auftritt. In allen anderen Fällen ergeben sich Saldogewinne $s(s-1)/2$ mit geometrisch steigender Tendenz in Abhängigkeit von der Trefferzahl s. Aufgrund dieses Sachverhaltes und da infolgedessen Verluste nur in den Phasen, die mit konstanter minimaler Satzhöhe 2 gespielt werden, auftreten, erscheint eine positive Gewinnerwartung dieser Progressionstechnik möglich zu sein. Dies trifft in Wirklichkeit jedoch nicht zu, wie die im Anhang F durchgeführte mathematische Analyse ausweist. Danach ergibt sich als Erwartungwert der Gewinnrate $E\{g\} = -0,03037$. Im statistischen Durchschnitt wird bei diesem Progressionsspiel also 3,037% der Satzeinheit 1 bzw. 1,519% der minimalen Satzhöhe 2 pro Coup verloren.

Diese Verlustrate ist höher als beim Masse égale-Spiel. Würde mit gleichbleibender Satzhöhe 2 gespielt und, wie im Anhang F vorausgesetzt, nach Erscheinen von Zero jeweils so lange gewartet, bis der Einsatz aus der Sperrung gelangt oder verfällt, so ergibt sich eine zu erwartende Verlustrate von $2 \cdot 1,332\% = 2,664\%$ (→ 63). Dieser Wert ist deutlich geringer als die Verlustrate der untersuchten Gewinnprogression. Dieses Ergebnis kann nur bedeuten, daß die den Progressionsphasen zugeordnete Gewinnerwartung infolge der Satzsteigerung nicht größer, sondern geringer als bei gleichbleibender Satzhöhe ist.

Im Grunde kann diese Erkenntnis allerdings keine Überraschung sein. Die bereits vielfach zitierte „Zerosteuer" bezieht sich ja im vorliegenden Fall wie bei jedem anderen Progressionsspiel auf eine statistisch betrachtet mittlere Satzhöhe, die größer als die minimale Satzhöhe – im vorliegenden Fall 2 – ist. Infolgedessen muß sich notwendigerweise eine entsprechend höhere Verlusterwartung ergeben.

Im Anhang F ist als Erwartungswert des Gewinnes eines Progressionslaufes

$$E\{G_1\} = p_+/p_-^2$$

angegeben. Numerisch resultiert hieraus:

$$E\{G_1\} = 1,9186.$$

Würde die Satzhöhe innerhalb der Gewinncoupsequenz konstang 2 gehalten, so ist – wie sich leicht nachprüfen läßt – der zu erwartende Gewinn hingegen

$$2p_+/p_- = 1,9452.$$

Dieser Wert ist also tatsächlich größer als die Gewinnerwartung bei einer Satzprogression.

Mit diesem Ergebnis wird im Grunde jede Art von Gewinnprogression ad absurdum geführt. Denn wie das Progressionsschema der Satzhöhe auch immer beschaffen sein mag, der auf die unterste Satzstufe bezogene Erwartungswert der Verlustrate wird stets höher als beim Masse égale-Spiel mit entsprechender Satzhöhe ausfallen. Bekanntere Gewinnprogressionen, wie die Guetting-Progression, machen hiervon keine Ausnahme. Natürlich gilt dieser Sachverhalt auch für Verlustprogressionen. Allerdings kann für diese ein Argument ins Feld geführt werden, das dieses generelle Manko mildert:

Es kann eine vom Progressionsverfahren abhängige Gesamtspielstrecke angegeben werden, für welche die Wahrscheinlichkeit eines Saldogewinnes größer als ein vorgegebener Grenzwert ist, der maximal annähernd 1 betragen kann. Dieser Sachverhalt wurde ausführlich in den vorangegangenen Kapiteln behandelt. Gewinnprogressionen weisen diesen Vorteil nicht auf. Im Gegenteil, je nach Progressionsverfahren wird der Spieler im statistischen Durchschnitt eine mehr oder weniger lange Spielstrecke zurücklegen müssen, bis die vorher aufgetretenen Verluste annähernd ausgeglichen werden. Nur in einem kurzen Spielstreckenintervall danach wird die Wahrscheinlichkeit eines Saldogewinnes etwas größer als 0,5. Mit wachsender Spielstrecke nimmt die Wahrscheinlichkeit eines Gesamtgewinnes jedoch rasch wieder ab und konvergiert gegen null.

Im Diagramm 8 sind diese Zusammenhänge qualitativ dargestellt: Bei der Verlustprogression liegt die Wahrscheinlichkeit p(G>0) eines positiven Spielresultats G am Anfang der Spielstrecke von N Coups dicht unterhalb von 1, um mit wachsendem N stetig abzunehmen und schließlich gegen null zu konvergieren. Daß die Gewinnwahrscheinlichkeit am Anfang der Spielstrecke oberhalb von 0,5 liegt, widerspricht nicht der Tatsache, daß der Erwartungswert des Spielresultats G negativ ist, denn der mit der Wahrscheinlichkeit 1−p(G>0)<0,5 gewichtete Erwartungswert eines Verlustes ist größer als der mit p(G>0)>0,5 gewichtete Erwartungswert eines Gewinnes. Die Differenz beider Größen, nämlich der Erwartungswert des Spielresultats G, ist infolgedessen negativ. Er entspricht der auf den Bruttoeinsatz bezogenen „Zerosteuer".

Vereinfacht kann der festgestellte Sachverhalt auch folgendermaßen formuliert werden:

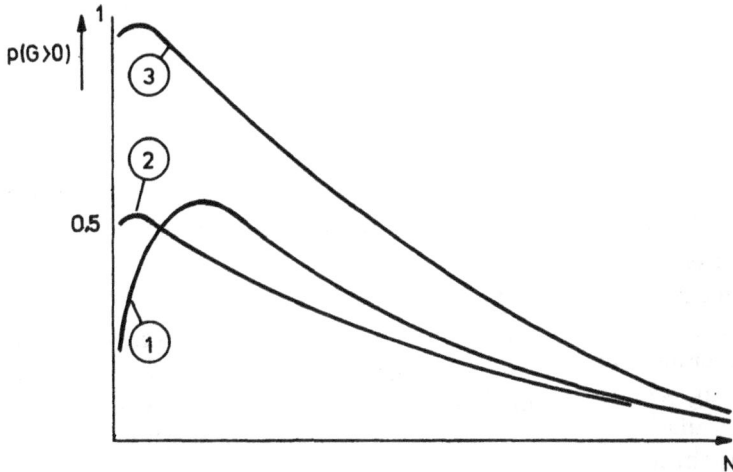

Diagramm 8
Gewinnwahrscheinlichkeit in Abhängigkeit von der Spielstrecke für Gewinnprogression (1), Masse égale-Spiel (2) und Verlustprogression (3)

Zwar ist über eine kürzere Spielstrecke die Wahrscheinlichkeit eines Saldogewinnes größer als 0,5, jedoch ist der Saldoverlust im weniger wahrscheinlichen Risikofall so groß, daß er den Ausschlag für einen negativen Erwartungswert des Spielresultats gibt.

Den Vorteil einer Gewinnwahrscheinlichkeit, die über eine begrenzte Spielstrecke wesentlich größer als 0,5 ist, bietet jedoch nur die Progression nach Verlustcoups. Im Diagramm 8 ist dargestellt, daß die Gewinnwahrscheinlichkeit einer Progression nach Treffern zunächst von geringen Werten aus an-

steigt, ein Maximum erreicht und dann mit wachsender Spielstrecke wieder abfällt. Das Auftreten eines Maximums bedeutet, daß – statistisch betrachtet – die zugeordnete Spielstrecke zurückgelegt werden muß, bis ein annähernder Verlustausgleich stattfindet.

Etwas flacher verläuft vergleichsweise die Kurve für das Masse égale-Spiel, dessen Gewinnwahrscheinlichkeit am Anfang der Spielstrecke (bei $N = 36/c-1$) am größten ist und dort chancenabhängige Werte von etwa 49% bis 62% erreicht. ($\rightarrow$ 58)

Die Guetting-Progression

Trotz der im vorangegangenen Kapitel gewonnenen Erkenntnisse, welche die mit Gewinnprogressionen verfolgte Strategie ad absurdum führen, soll im folgenden eine der bekannteren Gewinnprogressionen, nämlich die Guetting-Progression [14] untersucht und erörtert werden. Diese Erörterung wird auf der Grundlage von Computer-Simulationsergebnissen erfolgen, um die hinsichtlich Gewinnprogressionen gewonnenen mathematisch-analytischen Ergebnisse durch statistische Ergebnisse zu stützen.

Das Progressionsschema der Satzhöhe für die Guetting-Progression ist:

Hauptstufe	Unterstufe					
	1	2	3	4	5	6
1	2	2	–	–	–	–
2	3	3	4	4	6	6
3	8	8	12	12	16	16
4	20	20	30	30	40	40

Begonnen wird mit Satzhöhe 2, d.h. zwei Satzeinheiten. Nach Treffern wird die Satzhöhe entweder wiederholt oder erhöht. Im Progressionsschema werden entsprechend der Numerierung innerhalb jeder Hauptstufe jeweils alle Unterstufen durchlaufen. In Hauptstufe 1 sind nur zwei Unterstufen definiert, so daß nach zwei Treffern mit Hauptstufe 2 fortgefahren wird.

Erfolgt ein Satzverlust in einer der Unterstufen 1, 3 oder 5, d.h. mit dem ersten Satz nach einer Erhöhung, dann wird zur ersten Unterstufe der nächst-niedrigen Hauptstufe degressiert. Wird also beispielsweise mit Satz-

höhe 4 in Unterstufe 3 verloren, so ist das Spiel mit Satzhöhe 2 in Unterstufe 1 fortzusetzen.

Erfolgt ein Satzverlust auf einer der Unterstufen 2, 4 oder 6, d.h. mit dem zweiten Satz nach einer Erhöhung, so wird die Unterstufe um 1 erniedrigt und somit der erste Einsatz mit der vorangegangenen Satzhöhe wiederholt. Wird also beispielsweise mit Satzhöhe 16 in Unterstufe 6 verloren, so ist das Spiel mit Satzhöhe 16 in Unterstufe 5 fortzusetzen.

Das Progressionsschema ist für 20 Treffer hintereinander ausgelegt. Im Verlauf einer solchen Serie würde der Saldogewinn in folgenderweise ansteigen:

2 – 4 – 7 – 10 – 14 – 18 – 24 – 30 – 38 – 46 – 58 – 70 – 86 – 102 – 122 – 142 – 172 – 202 – 242 – 282

Nach einem Gewinn auf der höchsten Satzstufe, also Hauptstufe 4/Unterstufe 6, wird das Spiel mit der untersten Stufe, d.h., Hauptstufe 1/Unterstufe 1, fortgesetzt.

Mit dem im Anhang G präsentierten Rechnerprogramm kann die Guetting-Progression simuliert werden. Ein Ergebnisausdruck ist auf Seite 108 wiedergegeben. Die Simulation erfolgte über eine Spielstrecke $N = N_{RND}$ ($\rightarrow$ 109), so daß vermutlich alle statistischen Ergebnisse den exakten Erwartungswerten sehr nahe kommen. Die mittlere Verlustrate wird mit 0,03403 ausgewiesen, d.h. pro Coup wurde durchschnittlich 3,403% von der Satzeinheit verloren. Dies ist ein ähnlicher Wert wie bei der im vorangegangenen Abschnitt analysierten fiktiven Gewinnprogression, was nicht verwunderlich ist, da die prinzipielle Art der Satzsteigerung und die Satzhöhen – zumindestens für die häufiger vorkommenden unteren Satzstufen – ebenfalls ähnlich sind. Im Ergebnisausdruck der Guetting-Progression wird als Zerosteuer v_0 ein Wert von 0,013325 ausgewiesen. Die statistisch mittlere Satzhöhe S_m ist 2,557 (Satzeinheiten). Das Produkt beider Größen, nämlich

$$v_0 S_m = 0,03407,$$

ist erwartungsgemäß mit der ausgewiesenen mittleren Verlustrate nahezu identisch. Die ausgedruckte Liste der den einzelnen Satzstufen „X,Y" und Satzhöhen „S" zugeordneten Coupzahlen „n" und Trefferüberschüsse „D", „d" zeigt in anschaulicher Weise, daß auch die Strategie der Guetting-Progression nicht an der „Zerosteuer" vorbeikommt: Zumindestens bei großen Werten n sind die zugeordneten Werte von d nahezu mit dem Erwartungswert der „Zerosteuer" identisch. Lediglich auf den höchsten Satzstufen bei kleineren Werten von n ergaben sich größere Abweichungen, die aber alle im engeren Streubereich liegen, wovon man sich durch

hier nicht durchgeführte Nachrechnung leicht überzeugen kann.

Diese Betrachtung der Verlustraten für die einzelnen Satzstufen verdeutlicht noch einmal die Aussichtslosigkeit der Grundstrategie aller Progressionen nach Treffercoups: Jeder erhöhten Satzstufe ist eine voraussichtliche Verlustrate von ca. 1,33% der Satzhöhe zugeordnet. Eine Verbesserung des zu erwartenden Spielresultats gegenüber dem Masse égale-Spiel ist also nicht möglich. Der Grundeinsatz der Guetting-Progression entspricht zwei Satzeinheiten. Beim Masse égale-Spiel mit dieser Satzhöhe würde die zu erwartende Verlustrate ca. 2,67% der Satzeinheit pro Coup betragen. Der Erwartungswert der Verlustrate für die Guetting-Progression liegt bei 3,40% der Satzeinheit, wie das Simulationsergebnis ausweist. Eine Verringerung oder sogar Ausschaltung der sogenannten „Überlegenheit der Spielbank" ist mit solch einer Spielmethode also nicht möglich.

Die analytische Behandlung von Progressionsspielen wird mit diesem Ergebnis abgeschlossen.

```
GUETTING-PROGRESSION
```

Spielstrecke	: 16777216
Saldogewinn in Satzeinheiten	:-570919
Mittlere Verlustrate	:+0.03403
Rot-Schwarz-Ecart	: 1
Gleicher Ecart statistisch	:+0.00025
Mittlere rel. Zerosteuer pro Satz	:+.013325
Zero-Zeroerwartung-Ecart	: .7297
Gleicher Ecart statistisch	:+0.00110
Vorgekommene größte Satzhöhe	: 40
Statistisch mittlere Satzhöhe	: 2.557
Letzte Satzhöhe	: 3

X	Y	S	n	D	d%
1	1	2	7506470	-100280	-1.34
1	2	2	3700856	-49469	-1.34
2	1	3	2517940	-33393	-1.33
2	2	3	1241547	-16148	-1.30
2	3	4	816528	-10657	-1.31
2	4	4	402845	-5339	-1.33
2	5	6	264780	-3937	-1.49
2	6	6	130324	-2140	-1.64
3	1	8	88555	-921	-1.04
3	2	8	43791	-555	-1.27
3	3	12	28861	-211	-0.73
3	4	12	14318	-243	-1.70
3	5	16	9338	-183	-1.96
3	6	16	4553	-23	-0.51
4	1	20	3003	-11	-0.37
4	2	20	1508	+1	+0.07
4	3	30	1022	-19	-1.86
4	4	30	485	-9	-1.86
4	5	40	333	-6	-1.80
4	6	40	159	-13	-8.18

```
Bedeutung der Kopfzeilezeichen:

X    : Hauptstufe des Progressionsschemas
Y    : Unterstufe des Progressionsschemas
S    : Zugeordnete Satzhöhe
n    : Zugeordnete Anzahl von Coups
D    : Zugeordneter Trefferüberschuß
d    : Relativer Trefferüberschuß D/n
```

Anmerkungen
zur Spielsimulation
mit Computer

Die Simulation systematischer Progressionsspiele mit einem programmierbaren Computer beruht auf dessen Fähigkeit der selbsttätigen Erzeugung von Permanenzen mit Hilfe der Random-Funktion. Aufgrund der enormen Rechengeschwindigkeit können in kurzen Zeiträumen außerordentlich lange Folgen von Zufallszahlen generiert und für die Spielsimulation verwertet werden. Dies ist insbesondere auch bei Benutzung der „prozessornahen" Programmiersprache QBASIC gemäß Anhang A, C, E, G, H der Fall. Während man zur Zeit der Erstauflage des vorliegenden Buches aufgrund der damals noch geringen Taktfrequenzen der Prozessoren mit Simulationsraten in einer Größenordnung von nur 1000 bis 10.000 Coups pro Minute – abhängig u. a. von Art und Anzahl arithmetischer Operationen pro Coup – zurechtkommen mußte, liegen typische Simulationsraten mit Heimrechnern nach dem aktuellen Stand der Technik bei 100.000 bis 1.000.000 Coups pro Minute. Vom zeitlichen Simulationsaufwand her bestehen also keine Probleme der Gewinnung statistisch repräsentativer Ergebnisse.

Einwände seitens mancher Roulettetheoretiker und -praktiker, daß elektronische Permanenzen nicht die Eigenheiten authentischer Tischpermanenzen – beruhend auf unterschiedlichen Kesselbauarten, Wurfhandroutinen der Croupiers oder deren Ablösungsrhythmus – berücksichtigen, dürfen als gegenstandslos bezeichnet werden, da es solche Eigenheiten nicht gibt und insbesondere die vermutete Abhängigkeit der geworfenen Roulettezahlen von Größe oder Geschicklichkeit der Wurfhand des Kessel-Croupiers in den Bereich der Fabel verwiesen werden darf.

Die Randomfunktion des Rechners erzeugt eine sogenannte Pseudozufallsfolge [15], da die nacheinander aufgerufenen Randomwerte zwar zufallsartigen Charakter haben, jedoch insofern auch deterministisch sind, als sie nach einem vorgegebenen arithmetischen Algorithmus berechnet werden. Hierdurch folgen die Randomwerte nach Programmstart in einer determinierten Reihenfolge aufeinander und wiederholen sich nach einer langen Sequenz von N_{RND} Werten zyklisch in gleichartigen Sequenzen. Die Sequenzlänge oder „Randomperiode" ist mit beispielsweise $N_{RND} = 2^{24} = 16.777.216$ jedoch derartig groß, daß die Periodizität als solche kaum eine Rolle spielt, da bei statistischen Untersuchungen meistens erheblich weniger als N_{RND} Zufallswerte benötigt werden.

In besonderen Fällen, wie bei der Simulation vorsichtiger Progressionsspiele des Roulettes, z. B. der Progression Deance ($\rightarrow$ 79ff. und Anhang C), bietet jedoch die vollständige Ausnutzung der Randomperiode aus zwei Gründen einen erheblichen Vorteil.

1. Die Randomwerte sind innerhalb einer Randomperiode nahezu perfekt gleichmäßig und stochastisch unabhängig ($\rightarrow$ 16) im Intervall von 0 bis 1 unter Ausschluß des Wertes 1

verteilt. Werden deshalb exakt $N = N_{RND}$ Coups simuliert, so liefern diese fast keinen Beitrag zu den Abweichungen der statistischen Ergebnisse von den exakten wahrscheinlichkeitstheoretischen Erwartungswerten.

2. Die bei der Spielsimulation interessierenden statistischen Ergebnisse sind insbesondere die Häufigkeiten H relativ seltener Zufallsereignisse, wie z.B. die Häufigkeit verlorener Partien (Progressionsspiele), und hieraus abgeleitete Kennwerte, wie z.B. „erlaubte Spielstrecken". Die 3σ-Fehlergrenzen von H sind jedoch $\pm 3/\sqrt{H}$ ($\rightarrow$ 80). Für geringste zu erwartende Fehler müssen durch die Simulation also möglichst große H-Werte generiert werden. Zu diesem Zweck wird die größtmögliche sinnvolle Spielstrecke $N = N_{RND}$ benutzt.

Die ausreichende Gleichverteilung und stochastische Unabhängigkeit der Randomwerte auch für Spielstrecken $N < N_{RND}$ ist gewährleistet. Der Anwender kann sich hiervon leicht durch „selbstgestrickte" ad hoc-Testprogramme überzeugen. Eine mehr „indirekte" Methode ist beispielsweise die Untersuchung der bei Simulation der beiden Teile einer Einfachen Chance von diesen gebildeten solitären Serien ($\rightarrow$ 39ff) nach Art (Länge) und Häufigkeit. Im Anhang H wird ein hierfür vorgesehenes Rechnerprogramm präsentiert. Der Ergebnisausdruck zeigt bezüglich einer Spielstrecke von 1.000.000 Coups die statistischen Ergebnisse. Im Ausdruck sind die mathematischen Erwartungswerte und statistischen Abweichungen der vorgekommenen Häufigkeiten aufgeführt. Alle statistischen Abweichungen – einschließlich des statistischen Ecarts der beiden Chancenteile – liegen offensichtlich innerhalb der 3σ-Bereiche. Diese Feststellungen sind zwar kein Beweis für die angestrebte ideale Gleichverteilung und Unabhängigkeit der simulierten Zahlen, zumal Überschreitungen der 3σ-Grenzen druchaus nicht grundsätzlich ausgeschlossen sind, zusätzliche Ergebnisse aus den vielen für die vorangegangenen Kapitel durchgeführten Spielsimulationen bestätigen jedoch eine offensichtlich einwandfreie Statistik der erzeugten Zahlen und Sequenzen.

Diese Hinweise mögen genügen, um auch den Skeptiker davon zu überzeugen, daß der entsprechend programmierte Computer nichts anderes tut als der Rouletteapparat, nämlich die Erzeugung gleichwahrscheinlicher und unabhängiger Zufallszahlen.

Zusammenfassung

Im folgenden soll ein kurzer Überblick über die wesentlichen Ergebnisse und Erkenntnisse aus den vorangegangenen Kapiteln gegeben werden.

1. Die Folge der mit dem Rouletteapparat ausgelosten Gewinnzahlen kann in der Terminologie der Stochastik als stationärer Zufallsprozeß unabhängiger Ereignisse aufgefaßt werden. Infolgedessen ist die Wahrscheinlichkeit des Erscheinens eines bestimmten Chancenteils weder zeit- noch situationsabhängig, sondern eine Konstante

2. Unter Marschstrategien versteht man beim Roulette Methoden, mit welchen unter Bewertung der vorangegangenen Coupergebnisse bestimmt wird, auf welchen Chancenteil der jeweils nächste Einsatz angeblich vorteilhafterweise zu plazieren ist. Solche Marschstrategien bieten jedoch in Wirklichkeit wegen Punkt 1 keine Vorteile gegenüber einer völlig regellosen oder willkürlichen Setztechnik. Infolgedessen ist die Vorstellung von dem sogenannten „überlegenen Marsch" eine reine Fiktion.

3. Unter einem absoluten Ecart versteht man die Differenz der absoluten Häufigkeit zweier gleichwahrscheinlicher Chancenteile in einer Permanenz. Treten im Verlauf einer Folge von Coups größere Ecarts auf, so entsteht wegen Punkt 1 keine sogenannte „Spannung" oder „Ausgleichstendenz", die darauf ausgerichtet ist, den absoluten Ecart zu vermindern. Dieser Sachverhalt widerlegt das in der Rouletteliteratur herumgeisternde „Gesetz des Ausgleichs oder des Equilibre". Systematische Spiele, deren erfolgreicher Abschluß vom Ausgleich

absoluter Ecarts abhängig ist, sind also zumindest äußerst fragwürdig.

4. Auch der sogenannte statistische Ecart, d.h. der auf seine Standardabweichung bezogene absolute Ecart bietet keine Handhabe für einen überlegenen Marsch. Zwar treten statistische Ecarts >3 nur äußerst selten auf, jedoch stellt wegen Punkt 1 selbst ein derartig großer Ecart keine Indikation dafür dar, daß die bis dahin benachteiligte Restante nunmehr bevorzugt wird. Die wahrscheinlichste Häufigkeit ist allerdings deren mathematischer Erwartungswert. Hinsichtlich gleichwahrscheinlicher Chancenteile ist also deren Parität jeweils am wahrscheinlichsten. Dieser Sachverhalt gilt jedoch auch während des Entstehens eines Ecarts und muß diesen nicht notwendigerweise verhindern.

5. Infolge des Auszahlungsmodus der Spielbank im Gewinnfall beträgt der mathematische Erwartungswert der Erträge der Spielbanken ungefähr 1,35% aller Spieltischauflagen für die Einfachen Chancen und 2,7% für die mehrfachen Chancen.

6. In der Terminologie der Spieltheorie handelt es sich beim Roulette um ein sogenanntes Nullsummenspiel zwischen Spielern und Spielbank. Die unter Punkt 5 genannte Spielertragserwartung der Spielbanken gleicht also der Summe der Verluste aller Spieler. Die angegebenen Prozentzahlen sind mit dem mathematischen Erwartungswert des Verlustes pro Einsatz identisch. Das heißt, im statistischen Durchschnitt verliert ein mit gleichbleibender Satzhöhe operierender soge-

nannter Masse égale-Spieler 1,35% (bzw. 2,7%) jedes Einsatzes. Diese Verluste werden auch als „Zerosteuer" bezeichnet. Aufgrund der möglichen Streuungen steht allerdings nicht fest, daß ein Masse égale-Spieler von Anfang an mit einer solchen Verlustrate in die Verlustzone gerät. Jedoch ist es unter Anwendung der 3σ-Regel nahezu sicher, daß er nach einer bestimmbaren Spielstrecke insgesamt einen Verlust erlitten hat. Diese Spielstrecke umfaßt beispielsweise für Spiel auf Einfachen Chancen ca. 50000 Coups und für Spiel auf Carrés ca. 100000 Coups. Es ist jedoch wesentlich wahrscheinlicher, daß das Spielresultat von Anfang an defizitär ist und annähernd dem mathematischen Erwartungswert folgt.

7. Systematische Progressionsspiele lassen sich in die beiden Kategorien Gewinnprogressionen, d.h. Progressionen im Gewinnfall, und Verlustprogressionen, d.h. Progressionen im Verlustfall, aufteilen. Mit Gewinnprogressionen wird die Absicht verfolgt, in den erfolgreicheren Phasen des Spielverlaufs durch Steigerung der Satzhöhe möglichst große Gewinne zu verwirklichen. Mit Verlustprogressionen wird letztlich angestrebt, Treffercoups mit größerer Satzhöhe zu erzielen und Verlustcoups auf vergleichsweise geringere Satzhöhen zu beschränken, so daß unter dem Strich Saldogewinne resultieren.

Allerdings ist der mathematische Erwartungswert des Spielresultats für beide Kategorien von Progressionsspielen ein Verlust. Im Prinzip liegt dies in der Tatsache begründet, daß gemäß Punkt 6 auch der Erwartungswert für jeden einzelnen Einsatz ein prozentual festliegender Verlust ist. Nach einem Axiom der Wahrscheinlichkeitstheorie ist der Erwartungswert der Summe unabhängiger Zufallsgrößen mit der Summe der Erwartungswerte dieser Zufallsgrößen identisch. Infolgedessen kann der Erwartungswert des Spielresultats für eine beliebige Anzahl einzelner Einsätze beliebiger Satzhöhe, von denen jeder einzelne defizitär ist, ebenfalls nur ein Verlust sein.

8. Vergleicht man ein mit gleichbleibender Satzhöhe S durchgeführtes Spiel mit einem Progressionsspiel, dessen minimale Satzhöhe S ist, so ist der mathematische Erwartungswert der Verluste des Progressionsspiels größer als der des Masse égale-Spiels, da sich die „Zerosteuer" auf eine mittlere Satzhöhe bezieht, die größer als S ist. Keine noch so ausgeklügelte Progressionstechnik kann an diesem Sachverhalt etwas ändern.

9. Während bei Gewinnprogressionen im allgemeinen eine gewisse Spielstrecke, deren Länge vom Progressionsverfahren abhängig ist, zurückgelegt werden muß, bis die zunächst aufgelaufenen Verluste annähernd getilgt werden, seltener jedoch ein Gesamtgewinn gelingt, verhält es sich bei den Verlustprogressionen anders: Bei diesen werden im allgemeinen zunächst Gewinne erzielt. Die Länge der Spielstrecke, die üblicherweise ohne Platzer zurückgelegt werden kann, hängt von der Progressionsmethode, und zwar vom Maß der Satzsteigerung nach Verlustcoups ab. Bei schwacher Progression ist die Spielstrecke lang, bei starker Progression ist sie vergleichsweise kurz. Doch auch bei schwacher Satzsteigerungstechnik tritt schließlich die Situation ein, daß im Zuge besonders langer ungünstiger Permanenzen Satzhöhe und Kapitaleinsatz stark anwachsen. Am Ende einer solchen „Durststrecke", die den Spieler, der zunächst über viele Partien hinweg eine stattliche Gewinnsumme aufgehäuft haben kann, häu-

fig sehr abrupt konfrontiert, befindet sich dieser ganz unerwartet in der Verlustzone. Das mühsam und über längere Zeiträume erspielte Kapital ist aufgebraucht und verloren.

10. Für jede Verlustprogressionsart kann mathematisch geschlossen oder durch Spielsimulation mit Computer eine „erlaubte Spielstrecke" ermittelt werden, für welche die Wahrscheinlichkeit der Vermeidung eines Platzers, d. h. eines Progressionsabbruches wegen Überschreitens einer vorgegebenen maximalen Satzhöhe, einen vorgegebenen Grenzwert nicht unterschreitet. Wird ein Grenzwert von 0,75 vorgegeben, so resultiert beispielsweise für die Einfache Martingale unter der Voraussetzung einer Satzsteigerungsmöglichkeit um das 1024fache eine „erlaubte Spielstrecke" von 1069 Coups. Bei platzerfreiem Zurücklegen dieser Spielstrecke ist der Erwartungswert des Saldogewinnes 506 Satzeinheiten.

Diese und die diesbezüglichen Werte für weitere Progressionsspiele einschließlich Gewinnprogressionen sind in Tabelle 26 zusammengestellt.

Tabelle 26

Progressionsart	Referenz	v [S/Coup]	N_{erl} [Coup]	G [S]
Paroli auf Plein	Tab. 19	0,052	0	0
Paroli auf Carré	Tab. 19	0,048	0	0
Paroli auf Einfache Chance	Tab. 19	0,022	0	0
Guetting-Progression	S. 107	0,034	0	0
Martingale	S. 74	0,078	1069	506
Progression Deance	Tab. 18	0,101	5168	950
Mehrfachmartingale (M = 7)	Tab. 18	0,099	11172	1250
d'Alembert-Progression (37S)	S. 91	6,865	499	3264
geometrische d'Alembert (a = 1,1)	Tab. 23	0,451	5163	1514

In der Tabelle ist v der Erwartungswert der Verlustrate, d.h. des mittleren Verlustes in Satzeinheiten S pro Coup bei unlimitierter Spielstrecke. Satzeinheit S für die Verlustprogressionsarten ist das Spieltischminimum. Bei der d'Alembert wird bezüglich v und G als Mindesteinsatz und Progressionsinkrement 37S vorausgesetzt. N_{erl} ist die „erlaubte Spielstrecke" für Verlustprogressionen. G ist der N_{erl} zugeordnete Erwartungswert des Spielresultats für den 75% wahrscheinlichen Fall, daß kein Verlustcoup auf der größtmöglichen Satzhöhe erfolgt, der zu einem Progressionsabbruch führen würde. Als größtmögliche Satzhöhe für die Verlustprogressionsarten ist das Spieltischmaximum mit dem 1400fachen des Minimums vorausgesetzt. Man muß sich hinsichtlich dieser Voraussetzung allerdings vor Augen halten, daß die volle Ausnutzung des möglichen Variationsbereiches der Satzhöhe einen unter Umständen enormen Kapitaleinsatz zur Folge hat. Insofern stellen die in Tabelle 26 angegebenen Saldogewinne für die „erlaubte Spielstrecke" sowohl maximale als auch recht hypothetische Werte dar. Für den schmaleren Geldbeutel können jedoch selbstverständlich geringere obere Satzgrenzen festgelegt werden. Allerdings verringern sich dann für die jeweilige Progressionsmethode „erlaubte Spielstrecke" und zugeordneter Erwartungsgewinn.

11. Die für die „erlaubte Spielstrecke" vorausgesetzte Wahrscheinlichkeit eines platzerfreien Spielverlaufs von 75% bedeutet, daß andererseits ein Risiko von 25% für einen Platzer besteht. Tritt dieser Risikofall ein, so ist ein Gesamtverlust zu erwarten, der erheblich größer als der Erwartungsgewinn für den alternativen Spielausgang ist. Für die in Tabelle 26 angegebene d'Alem-

bert-Progression beispielsweise beläuft sich dieser Gesamtverlust auf etwa 20400 Satzeinheiten. Demgegenüber nimmt sich der mögliche Saldogewinn von 3264 Satzeinheiten recht bescheiden aus.

Die einzige Spielstrategie für kurz- oder mittelfristige Gesamtgewinne ist also zwar die Progression nach Verlustcoups, jedoch empfehlenswert ist auch sie nicht. Einerseits nimmt das Gesamtrisiko von Platzern mit wachsender Spielstrecke zu. Andererseits sind beim Eintreten des Risikofalles enorme Verluste zu erwarten.

12. Es existiert keine Strategie für Roulette, die dem Spieler Dauergewinnmöglichkeiten eröffnet. Ein professionelles Betreiben des Roulettespiels gegen die Spielbank ist also beispielsweise absurd. Zufallsgeschehen und Spielregeln – insbesondere der Gewinnauszahlungsmodus der Bank – gereichen entsprechend der mathematischen Erwartung – zumindestens auf lange Sicht – zum Nachteil des Spielers. Dieser Problematik sollte sich der Spieler jederzeit bewußt sein.

Literaturhinweise

[1] „Lotto, Casino, Automaten – Deutsche spielen wie verrückt" Bild 22.1.83

[2] „Roulette: Konzessionierte Selbstzerstörung", „Nichts geht mehr", Der Spiegel, Nr. 18/1980, S. 103-120

[3] R. Lisch: „Spielend gewinnen?", Herausgeber und Verlag: Stiftung Warentest, Berlin 1983

[4] „Der Staat als Zuhälter": Der Spiegel, Nr. 13/1993, S. 101-110

[5] M. Eigen, R. Winkler: „Das Spiel, Naturgesetze steuern den Zufall", R. Piper u. Co. Verlag, München 1975

[6] N. N. Vorobjoff: „Grundlagen der Spieltheorie", Physica-Verlag, Würzburg-Wien 1972

[7] L. Bleymüller, G. Gehlert: „Statistische Formeln, Tabellen und Programme", 9. Aufl., Verlag Franz Vahlen, München 1999

[8] K. Busch: „Elementare Einführung in die Wahrscheinlichkeitsrechnung", 7. Aufl., Vieweg & Sohn Verlagsgesellschaft, Braunschweig-Wiesbaden 1999

[9] H. Kütting: „Elementare Stochastik", Spektrum Akademischer Verlag GmbH, Heidelberg-Berlin 1999

[10] G. Hübner: „Stochastik", Vieweg & Sohn Verlagsgesellschaft, Braunschweig-Wiesbaden 1996

[11] A. Koestler: „Die Wurzeln des Zufalls", Verlag Scherz, Bern-München-Wien 1972

[12] H. Chateau: „Standardwerk der Roulettewissenschaft", deutschsprachige Ausgabe des französischen Werkes von 1926 („La Science de la Roulette et du Trente-et-Quarante") von M. Paufler, Globalpress GmbH, Garmisch-Partenkirchen

[13] K. von Haller: „Die Berechnung des Zufalls", Bielefelder Verlagsanstalt KG., Bielefeld 1979

[14] Ch. Guetting: „Die Guetting-Progression auf Einfachen Chancen", Globalpress GmbH, Garmisch-Partenkirchen

[15] K. D. Kammeyer: „Nachrichtenübertragung", B. G. Teubner Verlagsgesellschaft, Stuttgart 1996

Verwendete Formelzeichen und Abkürzungen

a $\quad\hat{=}$ Progressionsfaktor

c $\quad\hat{=}$ Chancengröße, d.h. Anzahl der einem Chancenteil auf dem Tableau zugeordneten Zahlenfelder

$D(X)$ $\quad\hat{=}$ Trefferüberschuß auf der Satzstufe X

$e = 2,718282$ $\quad\hat{=}$ EULERsche Zahl

E_{abs} $\quad\hat{=}$ absoluter Ecart

E_{st} $\quad\hat{=}$ statistischer Ecart

$E\{v_0\}$ $\quad\hat{=}$ „Zerosteuer"; Erwartungswert von v_0

$E\{X\}$ $\quad\hat{=}$ Erwartungswert der Zufallsgröße X

G $\quad\hat{=}$ Gewinn, Gesamtgewinn für eine Spielstrecke von N Coups

g $\quad\hat{=}$ Gewinnrate, d.h. mittlerer Gewinn pro Coup

$H(x)$ $\quad\hat{=}$ absolute Häufigkeit des Ereignisses x

$h(x)=H(x)/N$ $\quad\hat{=}$ relative Häufigkeit des Ereignisses x

$INT(Z)$ $\quad\hat{=}$ größte in der Zahl Z enthaltene ganze Zahl

K $\quad\hat{=}$ Häufigkeitsvariable, ganze Zahl von 0 bis N

$\ln(Z)$ $\quad\hat{=}$ natürlicher Logarithmus der Zahl Z

$\log(Z)$ $\quad\hat{=}$ BRIGGscher Logarithmus der Zahl Z

L_+ $\quad\hat{=}$ mittlere Anzahl von Coups pro Satzgewinn

L_- $\quad\hat{=}$ mittlere Anzahl von Coups pro Satzverlust

m, M $\quad\hat{=}$ Parameter bei Progressionsspielen

$M\{X\}$ $\quad\hat{=}$ arithmetischer Mittelwert der Realisationen von X

n $\quad\hat{=}$ Anzahl der Ereignisse eines vollständigen Systems von Ereignissen

N $\quad\hat{=}$ Anzahl von Coups oder von Realisationen einer Zufallsgröße in einem Zufallsprozeß, Spielstrecke

N_d $\quad\hat{=}$ Erwartungswert der Distanz in Coups zwischen zwei gleichartigen Chancenteilen oder Sequenzen

N_{erl} $\quad\hat{=}$ „Erlaubte Spielstrecke" bei Verlustprogressionen

N_v $\quad\hat{=}$ Spielstrecke nach welcher es nahezu sicher ist, daß ein Gesamtverlust ($G<0$, $V>0$) eingetreten ist

$N(\mu, \sigma^2)$ $\quad\hat{=}$ Kürzel für Normalverteilung

$N(0, 1)$ $\quad\hat{=}$ Kürzel für standardisierte Normalverteilung mit $\mu=0$ und $\sigma=1$

$N(X)$ $\quad\hat{=}$ Anzahl von Coups, die der Satzhöhe $S(X)$ zugeordnet sind

ΔN $\quad\hat{=}$ Degressionsintervall der d'Alembert mit geometrischer Progression

p $\quad\hat{=}$ Wahrscheinlichkeit, Probabilität, probability

p_0 $\quad\hat{=}$ Wahrscheinlichkeit von Zero UND Satzbefreiung bei Einf. Chancen

$p(s=K)$ $\quad\hat{=}$ Wahrscheinlichkeit einer Serie oder Sequenz der Länge K

p_+ $\quad\hat{=}$ Wahrscheinlichkeit eines Satzgewinnes pro Coup

p_- $\quad\hat{=}$ Wahrscheinlichkeit eines Satzverlustes pro Coup

$p(x)$	≙	Wahrscheinlichkeit des Ereignisses x
p_i	≙	Wahrscheinlichkeit des Ereignisses x_i
S	≙	Satzhöhe, Satzeinheit
S_m	≙	statistisch mittlere Satzhöhe, Schwerpunktsatzhöhe
S_1, S_{grenz}	≙	spezielle Satzhöhen bei der d'Alembert
$S(X)$	≙	Satzhöhe, die der Satzstufe X zugeordnet ist
s	≙	Länge einer Sequenz oder Serie in Coups
V	≙	Verlust, Gesamtverlust für eine Spielstrecke von N Coups
v	≙	Verlustrate, d.h. mittlerer Verlust pro Coup
v_0	≙	statistisches „Zerosteuer"-Ergebnis
X, Y, Z	≙	Zufallsgrößen
x, x_i, y, y_i, z	≙	Zufallsereignis, ein Wert – oder allgemeiner – eine Realisation der Zufallsgröße X, Y, bzw. Z
$\bar{x}$	≙	ein anderes Ereignis als x, d.h. „nicht x"
$x \cup y$	≙	x oder y, d.h. Ereignis x oder Ereignis y
$x \cap y$	≙	x und y, d.h. Ereignis x und Ereignis y
λ	≙	Parameter der POISSON-Verteilung
$\mu = E\{X\}$	≙	Erwartungswert einer normalverteilten Zufallsgröße X
σ	≙	Standardabweichung, Streuung
σ^2	≙	Varianz, Streuungsquadrat
$\varphi(x, \mu, \sigma^2)$	≙	GAUSSsche Fehlerkurve, Wahrscheinlichkeitsdichte der Normalverteilung
$\varphi(x)$	≙	standardisierte Wahrscheinlichkeitsdichte der Normalverteilung
$\phi(x)$	≙	Normalverteilungsfunktionen

ANHANG A

Simulation von Spielwürfelergebnissen

Mit dem auf der folgenden Seite aufgelisteten QBASIC-Anwenderprogramm sollen in Etappen von jeweils M Würfen über insgesamt N Würfe die relativen Häufigkeiten h(x) der mit einem Würfel geworfenen Augenzahlenwerte x ermittelt und ausgedruckt werden.

Der Programmablauf umfaßt nacheinander die Dateneingabe, die Simulation des Würfelns und das Ausdrucken der Ergebnisse.

1. Eingabedaten

N: Gesamtzahl von Würfen
M: Anzahl von Würfen pro Ausdruckintervall (Etappe)

2. Verwendete Simulationsgrößßen

x: Zufallszahlen 1,2, 3, ...,6
H(i,x):   Zweidimensionale Feldvariable für die Häufigkeit von x innerhalb der i-ten Etappe

3. Ausgewertete Simulationsdaten und Ausdruck

H(i,x):   Summenhäufigkeit der Augenzahl x von der ersten bis zur i-ten Etappe
H(i,x)/i/M: Relative Häufigkeit h(x) der Augenzahl x von der ersten bis zur i-ten Etappe
iM: Anzahl von Würfen bis zur i-ten Etappe

Im Ausdruck erfolgt eine Auflistung der h(x)-Werte für die einzelnen Etappen und Augenzahlen.

Auf der übernächsten Seite ist ein derartiger Ergebnisausdruck für N = 15.000 und M = 500 wiedergegeben.

Für Diagramm 1 (→ 21) sind die Ergebnisse eines gleichartigen Simulationslaufes bis N = 10.000 dargestellt, die mit einem ähnlichen Anwenderprogramm einer BASICA-Version auf einem älteren Rechner erzeugt wurden, wie er zur Zeit der Erstauflage des vorliegenden Buches dem Stand der Technik entsprach.

```
PRINT : PRINT "Würfel-Simulationsprogramm................."
DIM H(100, 10)
REM DATENEINGABE ........................................
INPUT "Gesamtzahl von Würfen"; N
INPUT "Ausdruck-Intervall    "; M: L = N / M
REM SIMULATION ..........................................
FOR i = 1 TO L
FOR j = 1 TO M
x = INT(6 * RND) + 1: H(i, x) = H(i, x) + 1
NEXT j
NEXT i
REM ERGEBNISAUSDRUCK......................................
FOR i = 1 TO 42: LPRINT TAB(19 + i); CHR$(196); : NEXT i
LPRINT : LPRINT TAB(20); "SPIELWÜRFEL-ERGEBNISSE"
FOR i = 1 TO 42: LPRINT TAB(19 + i); CHR$(196); : NEXT i
LPRINT : LPRINT
LPRINT TAB(20); "Anzahl von Würfen                  : N"
LPRINT TAB(20); "Relative Häufigkeit der Augenzahl x : h(x)"
LPRINT
LPRINT TAB(20); "N        h(1)  h(2)  h(3)  h(4)  h(5)  h(6)"
FOR i = 1 TO 42: LPRINT TAB(19 + i); CHR$(196); : NEXT i
FOR i = 1 TO L
LPRINT TAB(19); i * M;
FOR x = 1 TO 6
H(i, x) = H(i, x) + H(i - 1, x)
LPRINT TAB(21 + 6 * x); USING ".###"; H(i, x) / i / M;
NEXT x
LPRINT
NEXT i
END
```

SPIELWÜRFEL-ERGEBNISSE

Anzahl von Würfen   : N
Relative Häufigkeit der Augenzahl x : h(x)

N	h(1)	h(2)	h(3)	h(4)	h(5)	h(6)
500	.154	.186	.192	.160	.162	.146
1000	.156	.178	.186	.178	.159	.143
1500	.158	.184	.175	.165	.161	.157
2000	.156	.182	.178	.165	.160	.160
2500	.157	.174	.178	.165	.165	.161
3000	.158	.173	.180	.165	.160	.165
3500	.155	.170	.180	.166	.163	.166
4000	.157	.168	.178	.168	.162	.167
4500	.157	.168	.177	.166	.165	.167
5000	.158	.169	.175	.165	.168	.164
5500	.159	.171	.173	.166	.166	.164
6000	.159	.173	.171	.166	.169	.163
6500	.162	.171	.172	.163	.169	.163
7000	.161	.172	.171	.165	.167	.163
7500	.162	.172	.169	.166	.165	.166
8000	.162	.173	.168	.166	.165	.166
8500	.164	.170	.167	.166	.168	.164
9000	.164	.170	.168	.167	.167	.164
9500	.164	.171	.169	.167	.167	.162
10000	.165	.171	.169	.167	.166	.162
10500	.164	.171	.169	.167	.166	.162
11000	.165	.170	.169	.167	.166	.164
11500	.164	.170	.170	.167	.166	.163
12000	.164	.170	.169	.169	.166	.163
12500	.164	.170	.170	.168	.166	.162
13000	.164	.171	.170	.168	.164	.163
13500	.164	.171	.170	.168	.165	.162
14000	.165	.172	.169	.168	.165	.161
14500	.165	.171	.169	.168	.166	.161
15000	.164	.171	.169	.169	.165	.161

ANHANG B

Analyse der Martingale

In der folgenden Wahrscheinlichkeitsanalyse der Martingale wird auf die im Kapitel „Zufall und Wahrscheinlichkeit" präsentierten Axiome und Formeln zurückgegriffen, ohne diese im einzelnen zu referieren. Die Berechnung des Erwartungswertes einer Zufallsgröße X mit den möglichen Werten $x_1, x_2, x_3, ..., x_n$ erfolgt gemäß Gl. (6). Wird jedoch nicht das „vollständige System von n Ereignissen" betrachtet und die Ermittlung des Erwartungswertes auf $r < n$ Werte von X beschränkt, so ist Gl. (6) folgendermaßen zu modifizieren:

$$E\{X\} = \frac{x_1p_1 + x_2p_2 + x_3p_3 + ... + x_rp_r}{p_1 + p_2 + p_3 + ... + p_r} = \sum_{i=1}^{r} x_ip_i / \sum_{i=1}^{r} p_i.$$

Unendliche geometrische Reihen der Art

$$\lim_{n \to \infty} 1 + x + x^2 + x^3 + ... + x^n$$

werden im folgenden in der vereinfachten Schreibweise

$$1 + x + x^2 + x^3 + ...$$

präsentiert. Auf folgende Formeln, die im einzelnen nicht referiert werden, wird zurückgegriffen, wobei $0 \le x < 1$ gilt

$$1 + x + x^2 + x^3 + ... \qquad = 1/(1-x)$$
$$1 + 2x + 3x^2 + 4x^3 + ... \qquad = 1/(1-x)^2$$
$$1 + x + x^2 + x^3 + ... + x^n \qquad = (1-x^{n+1})/(1-x)$$
$$1 + 2x + 3x^2 + 4x^3 + ... + (n+1)x^n \quad = (1-x^{n+1})/(1-x)^2 - (n+1)x^{n+1}/(1-x).$$

1. Situation beim Erscheinen von Zero

Falls Zero geworfen wurde, gelangt der Satz ins erste Prison. Er wird befreit, wenn danach ein Treffer erfolgt, also eine Zahl geworfen wird, die zum gesetzten Teil der Einfachen Chance gehört. Erfolgt jedoch ein Verlustcoup, so verfällt der Satz. Tritt unmittelbar nach der ersten Zero eine zweite Zero auf, so gelangt der Satz ins zweite Prison. Aus dieser Sperrung kann er nur befreit werden, falls in der unmittelbaren Folge entweder

- zwei Treffer erzielt werden oder
- beliebig viele Treffer-Zero-Sequenzen, die immer wieder zur Ausgangssituation des zweiten Prison führen, von zwei Treffern abgeschlossen werden.

Zunächst sollen diese Treffer-Zero-Sequenzen näher betrachtet werden. Die einzelne zweigliedrige Folge ist

+ 0,

wobei „+" einen Treffer und „0" einen Zerocoup bedeutet. Die Wahrscheinlichkeit der Sequenz ist $p = 18/37^2$. Die beliebig häufige Wiederholung der +0-Sequenz sei als neutrale Sequenz (N) bezeichnet. Die Wahrscheinlichkeit von (N) ist

$$p_N = p + p^2 + p^3 + ... = \frac{p}{1-p} = 0{,}01332346.$$

Der Erwartungswert der Länge von (N) ist

$$E\{L_N\} = \frac{2\,p + 4\,p^2 + 6\,p^3 + ...}{p_N} = \frac{2}{1-p} = 2{,}026647$$

als Anzahl von Coups. Unter Berücksichtigung der neutralen Sequenz (N) sind insgesamt folgende Befreiungssequenzen aus dem ersten und zweiten Prison möglich:

0 +
0 0 + +
0 0 (N) + +.

Die Wahrscheinlichkeit und Erwartungslänge dieser Befreiungssequenzen (B) sind p/1–p) bzw. 2/(1–p), also mit den entsprechenden Größen von (N) identisch. Der Grund ist, daß für die diesbezügliche Berechnung die folgenden Sequenzen sich gegenüber den drei o. a. Sequenzen invariant verhalten:

0 +
+ 0 + 0
+ 0 (N) + 0.

Die Gesamtheit dieser Sequenzen ist jedoch mit (N) identisch.

Die allgemeine Befreiungssequenz besteht allerdings aus beliebig vielen Wiederholungen von (B). Infolgedessen ist die Wahrscheinlichkeit der allgemeinen Befreiungssequenz, die mit (0) bezeichnet werden soll,

$$p_0 = p_N + p_N^2 + p_N^3 + ... = \frac{p_N}{1-p_N} = \frac{p}{1-2\,p} = 0{,}01350338.$$

Die Erwartungslänge$_N$von (0) ist mit $L_N = E\{L_N\}$

$$E\{L_0\} = \frac{L_N p_N + 2L_N p_N^2 + 3L_N p_N^3 + \ldots}{p_0} = \frac{2}{(1-p)^3} = 2{,}081011.$$

2. Satzgewinn

Die beiden Möglichkeiten eines Satzgewinnes sind

+
(0) + .

Mit $w = 18/37$ für die Wahrscheinlichkeit eines Treffers „+", die mit der Wahrscheinlichkeit der Gegenchance „–" identisch ist, resultiert

$$p_+ = w_+ w p_0 = w\,\frac{1-p}{1-2p} = 0{,}4930557$$

als generelle Wahrscheinlichkeit eines Satzgewinns unter Berücksichtigung aller eventuellen zwischenzeitlichen Satzsperrungen durch Zerocoups. Die Erwartungslänge der Satzgewinnsequenz ist mit $L_0 = E\{L_0\}$

$$E\{L_+\} = \frac{w + w p_0\,(1+L_0)}{p_+} = 1 + \frac{2p}{(1-p)^4}$$

3. Satzverlust

Rechnerisch schwieriger als der Satzgewinn ist die Situation des Satzverlustes. In der folgenden Tabelle sind in der rechten Spalte alle $2 \cdot 8 = 16$ Sequenzen, die zu einem Satzverlust führen, angegeben.

i	p(i)	L(i)	i-te-Satzverlustsequenz		
1	w	1	–	oder	(0) –
2	p	2	0 –	oder	(0) 0 –
3	xp	3	0 0 –	oder	(0) 0 0 –
4	xpp_N	$3 + L_N$	0 0 (N) –	oder	(0) 0 0 (N) –
5	p^2	4	0 0 + –	oder	(0) 0 0 + –
6	$p^2 p_N$	$4 + L_N$	0 0 (N) + –	oder	(0) 0 0 (N) + –
7	x^3	3	0 0 0	oder	(0) 0 0 0
8	$x^3 p_N$	$3 + L_N$	0 0 (N) 0	oder	(0) 0 0 (N) 0

Legende:

$x = p/w = 1/37$:   Wahrscheinlichkeit von „0"

$p = 18/37^2$:   Wahrscheinlichkeit von „0 –" oder „0 +"

$w = 18/37$:   Wahrscheinlichkeit von „+" und von „–"

$p_N = p/(1 – p)$:   Wahrscheinlichkeit von (N)

$L_N = E\{L_N\} = 2/(1 – p)$: Erwartungslänge von (N)

$p(i)$:   Wahrscheinlichkeit der linken der Spalte 4-Sequenzen

$L(i)$:   Erwartungslänge der linken der Spalte 4-Sequenzen

Die Wahrscheinlichkeit einer Satzverlustsequenz ist

$$p_- = (1 + p_0) \Sigma p(i) = 1 - p_+ = 0{,}5069443.$$

Der Erwartungswert der Länge einer Satzverlustsequenz ist

$$E\{L_-\} = p_-^{-1} \Sigma L(i)p(i) + (L(i) + L_0)p(i)p_0 = 1{,}056613$$

mit $L_0 = E\{L_0\}$.

Auf den geschlossenen Ausdruck, der sich für $E\{L_-\}$ ergibt, sei hier verzichtet, da er sehr lang und unübersichtlich ist. Außerdem wird die numerische Ausrechnung zweckmäßigerweise unmittelbar auf der Grundlage obiger Summenformel mit einem Rechner in einer i-Schleife durchgeführt.

4. Die „Zerosteuer"

Als Erwartungswert des Verlustes pro Coup und plaziertem Einsatz S für Einfache Chancen, nämlich als „Zerosteuer", die zur besonderen Hervorhebung mit dem Index 0 versehen werden soll, ergibt sich $p_- - p+ = 2p_- - 1 = 1 - 2p_+$ pro $E\{L\}$ Coups, also

$$E\{v_0\}/S = \frac{2p_- - 1}{E\{L\}} = \frac{1 - 2p_+}{E\{L\}} = 0{,}01332405$$

mit dem Erwartungswert $E\{L\} = p_+ L_+ + p_- L_- = 1{,}04237$ derLänge einer Treffer- oder Verlust-coupsequenz.

Solche Zahlen – wie der Wert der Zerosteuer – können durch Simulation über Spielstrecken $N = N_{RND}$, die also exakt mit der „Randomperiode" ($\rightarrow$ 109) übereinstimmen, geprüft werden: Bei einer Reihe solcher „pseudostatistischer" Simulationen, z. B. für die d'Alembert-Progression ($\rightarrow$ 95, Tab. 23), die über exakt $N_{RND} = 2^{24} = 16.777{,}216$ Coups durchgeführt wurden, ergab sich für die Zerosteuer $0{,}01332498$ und somit eine Abweichung von nur 70 ppm (ppm = 1 von 1 Million) gegenüber dem oben angegebenen Rechenwert.

5. Progressionsvorgang

Die Summenwahrscheinlichkeit aller Progressionsläufe mit maximal m Satzerhöhungen unter Einschluß der nach m Erhöhungen verlorenen Sätze muß 1 betragen, da alle Möglichkeiten eingeschlossen sind:

$$p_+(1 + p_- + p_-^2 + \ldots + p_-^m) + p_-^{m+1} = p_+ \frac{1 - p_-^{m+1}}{1 - p_-} + p_-^{m+1} = 1.$$

Mit der verkürzten Schreibweise L_+ für $E\{L_+\}$ und L_- für $E\{L_-\}$ ergibt sich als Erwartungslänge eines Progressionslaufes in Anzahl von Coups:

$$E\{L\} = p_+ [L_+ + (L_+ + L_-)p_- + (L_+ + 2L_-)p_-^2 + \ldots + (L_+ + mL_-)p_-^m)] + (m+1)L_- p_-^{m+1}$$

$$= p_+ L_+ \frac{1 - p_-^{m+1}}{1 - p_-} + p_+ p_- L_- \left[\frac{1 - p_-^m}{(1 - p_-)^2} - \frac{m p_-^m}{1 - p_-} \right] + (m+1)L_- p_-^{m+1}$$

$$= (L_+ + \frac{p_-}{p_+} L_-)(1 - p_-^{m+1})$$

Der Erwartungswert der Gewinnrate in den Phasen, in welchen keine m-te Satzerhöhung verloren wird, ist mit dem Progressionsfaktor a:

$$E\{g\} = \frac{p_+ S}{E\{L\}} [1 + (a-1)p_- + (a^2 - a - 1)p_-^2 + \ldots + (a^m - a^{m-1} - \ldots - 1)p_-^m]$$

$$= \frac{p_+ S}{E\{L\}} \left\{ \frac{1-(ap_-)^{m+1}}{1-ap_-} - \frac{1}{a-1} \left[\frac{1-(ap_-)^{m+1}}{1-ap_-} - \frac{1-p_-^{m+1}}{1-p_-} \right] \right\}$$

$$= \frac{S}{(a-1)E\{L\}} \left[1 - p_-^{m+1} - (2-a)p_+ \frac{1-(ap_-)^{m+1}}{1-ap_-} \right].$$

Bei der originären Martingale ist mit a=2:

$$E\{g\} = \frac{S}{E\{L\}} (1-p_-^{m+1}) = \frac{Sp_+}{p_+ L_+ + p_- L_-} = 0{,}4730141S.$$

Der Erwartungswert der relativen Häufigkeit gewonnener Partien (→ 80) ist

$$E\{h_+\} = \frac{E\{g\}}{S} = \frac{1-p_-^{m+1}}{E\{L\}}.$$

Für m = 10 resultiert

$$E\{h_+\} = 0{,}4730141.$$

Der Erwartungswert der relativen Häufigkeit verlorener Partien (→ 80) ist

$$E\{h_-\} = \frac{p_-^{m+1}}{E\{L\}}.$$

Für m = 10 resultiert

$$E\{h_-\} = 268{,}9575 \cdot 10^{-6}.$$

Der Erwartungswert der Verlustrate unter Einbeziehung der verlorenen m-ten Satzerhöhungen ist:

$$E\{v\} = \frac{p_-^{m+1}S}{E\{L\}} (1+a+a^2+...+a^m) - E\{g\} = \frac{(a^{m+1}-1)p_-^{m+1}S}{(a-1)E\{L\}} - E\{g\}.$$

Bei der originären Martingale gilt mit a=2:

$$E\{v\} = \frac{S}{E\{L\}} [(2p_-)^{m+1}-1].$$

Sind am Spieltisch m=10 Satzverdoppelungen möglich, so resultiert:

$$E\{v\} = 0{,}077542S.$$

Für a = 1 und m = 0, also keine Progression, sondern Masse égale-Spiel, ergibt sich aus obiger Formel für die Verlustrate die bereits angegebene Zerosteuer.

6. Martingale mit linearer Progression
(amerikanische Martingale)

Die Satzprogression erfolgt mit $S, 2S, 3S, \ldots$ Die Anfangsatzhöhe S kann so bemessen werden, daß mit an Sicherheit grenzender Wahrscheinlichkeit bei jedem Progressionslauf mit der jeweils letzten und größten Satzhöhe gewonnen wird, ohne Gefahr zu laufen, das Spieltisch-Maximum zu überschreiten. Dann ist des Erwartungswert der Länge des einzelnen Progressionslaufes in Anzahl von Coups:

$$E\{L\} = p_+[L_+ + (L_+ + L_-)p_- + (L_+ + 2L_-)p_-^2 + (L_+ + 3L_-)p_-^3 + \ldots] = L_+ + \frac{p_-}{p_+}L_- = 2{,}112901.$$

Dieser Erwartungswert der Länge gleicht demjenigen der originären Martingale für unendlich großes m. Der Erwartungswert der Verlustrate ist unter der gleichen Voraussetzung:

$$E\{v\} = -\frac{p_+S}{E\{L\}}[1 + (2-1)p_- + (3-2-1)p_-^2 + (4-3-2-1)p_-^3 + \ldots]$$

$$= -\frac{p_+S}{E\{L\}}[(1 + 2p_- + 3p_-^2 + \ldots) - p_-(1 + 2p_- + 3p_-^2 + \ldots) - p_-^2(1 + 2p_- + 3p_-^2 + \ldots) - \ldots]$$

$$\vdots$$

$$= \frac{S(2p_- - 1)}{p_+^2 E\{L\}} = 0{,}027039S.$$

Dies ist der Erwartungswert der Verlustrate der amerikanischen Martingale über sehr lange Spielstrecken. Wird die amerikanische Martingale über kürzere Spielstrecken ausgeführt und eine vorgegebene m-te Satzerhöhung nicht verloren, so ist die Summenwahrscheinlichkeit aller Progressionsläufe geringer als 1, nämlich:

$$p_m = p_+(1 + p_- + p_-^2 + \ldots + p_-^m) = 1 - p_-^{m+1}.$$

Der Erwartungswert der Länge eines Progressionslaufes in Anzahl von Coups ist dann:

$$E\{L\} = \frac{p_+}{p_m}[L_+ + (L_+ + L_-)p_- + (L_+ + 2L_-)p_-^2 + \ldots + (L_+ + mL_-)p_-^m]$$

$$E\{L\} = \frac{p_+}{p_m}\left\{L_+\,\frac{1-p_-^{m+1}}{1-p_-} + p_-L_-\left[\frac{1-p_-^m}{(1-p_-)^2} - \frac{mp_-^m}{1-p_-}\right]\right\} = L_+ + \frac{p_-L_-}{1-p_-^{m+1}}\left[\frac{1-p_-^m}{p_+} - mp_-^m\right].$$

Als Verlustrate resultiert:

$$E\{v\} = -\frac{p_+S}{p_mE\{L\}}\{1+(2-1)p_- + (3-2-1)p_-^2 + \ldots + [(m+1)-m-(m-1)-\ldots-1]p_-^m\}.$$

Hieraus ergibt sich nach hier nicht präsentierter Zwischenrechnung:

$$E\{v\} = -\frac{S}{p_mE\{L\}}\left\{p_-^{m+1}\left[\frac{m}{2}(m-1)-1\right] + \frac{1}{p_+}\left[1 - \frac{p_-}{p_+}(1-p_-^m) + (m-1)p_-^{m+1}\right]\right\}.$$

Für sehr große Werte von m ergibt sich hieraus die bereits ermittelte Beziehung:

$$E\{v\} = \frac{S(2p_- - 1)}{p_+^2 E\{L\}} = 0{,}027039S.$$

ANHANG C

Simulation von Martingale und Progression Deance

Das auf Seite 131 aufgelistete QBASIC-Anwenderprogramm ermöglicht die Simulation von Martingale und Mehrfachmartingalen einschließlich der leicht modifizierten Progression Deance (→ 80). Zeros einschließlich der daraus resultierenden Satzsperrungen und -verluste werden korrekt simuliert. Satzverluste nach Satzsperrungen durch Zerocoups werden wie andere Verlustcoups behandelt (→ 72ff.).

Der Programmablauf umfaßt nacheinander die Konstantenfestlegung und Dateneingabe, die Spielsimulation, Simulationsdatenauswertung und den Ausdruck.

Für die „Streichliste" bei den Mehrfachmartingalen werden bei der Simulation die „Zeiger" c und d benutzt, die zunächst anhand eines Beispiels während einer Partie erklärt werden sollen:

$$X$$
$$S$$
$$S$$
$$S + S$$

S stellt die momentane Satzhöhe dar. X repräsentiere einen Satz der Höhe S, der mit dem vorangegangenen Coup gewonnen und deshalb gestrichen (ausgekreuzt) wurde. Die Staffelbreite ist M = 4. Offensichtlich wurde mit einem vorangegangenen Coup ein Satz S verloren, welcher unten in der Streichliste addiert worden ist. Für die dargestellte Situation ist c = 3 und d = 1: c ist also die Anzahl ungestrichener Sätze auf der linken Seite der Streichliste, d die Anzahl der addierten Sätze S auf der rechten Seite. Würde nach der schematisch angedeuteten Situation ein Verlustcoup auf der Satzhöhe S erfolgen, wird zunächst X durch S ersetzt. Mit weiteren Verlustcoups werden rechts von unten nach oben weitere S addiert, bis nach Erreichen von c = d = M die Satzhöhe auf 2S verdoppelt und die Zeiger auf c = M, d = 0 gesetzt werden; usw. Mit M = 1 wird die gewöhnliche Martingale simuliert. M = 4 entspricht der Progression Deance.

1. Konstanten und Eingabedaten

Die korrespondierenden Bezeichnungen aus den Martingale-Kapiteln werden gegebenenfalls an zweiter Stelle genannt. Doppelgenauigkeitszeichen „#" werden weggelassen.

a; b:	Randomwert-Grenzen für Rot-, Schwarz-, Zerocoup-Bestimmung
c = M; d = 0 :	Startwerte der eingangs definierten Zeiger
S = 1:	Startwert der Satzhöhe; Satzeinheit 1
SH = 1:	Startwert der „vorgekommenen maximalen Satzhöhe"

N = N:	Spielstrecke, Anzahl von Coups
M = M	„Staffelbreite"; M = 1 für die gewöhnliche Martingale, M = 4 für die modifizierte Deance (→ 80)
SS:	Erlaubte maximale Satzhöhe als Vielfaches der Satzeinheit 1

2. Verwendete Größen für die Spielsimulation

rd:	Randomwert RND für i-ten Coup der zu simulierenden N Coups
rd>b:	Bedingung für Verlustcoup (Schwarz)
rd<a:	Bedingung dür Zerocoup
a≤rd≤b:	Bedingung für Treffercoup (Rot)
ec = E_{abs}:	Rot-Schwarz-Ecart (→ 50)
pr:	Flag für Satzsperrung (Prison); −3 für Satzverlust; −2 für doppelte Sperrung; −1 für einfache Sperrung; 0 für ungesperrt; 1 für Treffercoup
vc:	Satzverlustcoup minus Treffer -Zähler
zr:	Zerocoup-Zähler
r:	Spielresultat als Vielfaches der Satzeinheit 1
c; d:	Zeiger für Streichliste, wie oben definiert
g = H_+:	Zähler für gewonnene Partien
p = H_-:	Zähler für verlorene Partien
SH:	vorgekommene maximale Satzhöhe

3. Ausgewertete Simulationsdaten und Ausdruck

g1 = h_+:	Relative Häufigkeit gewonnener Partien = g/N
v1 = h_-:	Relative Häufigkeit verlorener Partien = p/N
v = v:	Mittlere Verlustrate in Satzeinheiten pro Coup = −r/N
v0:	Mittlere relative „Zerosteuer" pro Satz = vc/N; Erwartungswert 0,01332 (→ 63)
e = E_{st}:	Statistischer Rot-Schwarz-Ecart (→ 51) = $ec(36N/37)^{-0,5}$
ze:	„Zero-Zeroerwartung-Ecart", d.h. Abweichung der Zerohäufigkeit vom Erwartungswert = zr−N/37
z:	Gleicher Ecart statistisch = $ze(36N/37^2)^{-0,5}$
n1 = N_{erl}:	Erlaubte Spielstrecke (→ 74) = ln(0,75)/ln(1−v1)
g2:	Zugeordnete Gewinnerwartung = n1Mg1

Der Ergebnisausdruck umfaßt die Eingabedaten, Progressionsart, N, M, SS und die eigentlichen Ergebnisse, nämlich g, p, g1, v1, r, v, v0, ec, e, ze, z, SH. Falls p>0, werden auch n1, g2 ausgedruckt. Außerdem werden die letzten Werte von c, d und S als „Restfüllstand" ausgedruckt.
Ein Ergebnisausdruck für M = 4, SS = 1400 und die zugeordnete erlaubte Spielstrecke N = N_{erl} = 5168 (→ 80, Tab. 18) ist auf der übernächsten Seite wiedergegeben.

```
PRINT : PRINT : PRINT "MEHRFACHMARTINGALE AUF ROT"
REM:KONSTANTENFESTLEGUNG UND DATENEINGABE.....................................
PRINT : l$ = CHR$(196): a = 1 / 37: b = 19 / 37: c = M: S = 1: SH = 1
INPUT "Spielstrecke"; N#
INPUT "Staffelbreite"; M
INPUT "Erlaubte maximale Satzhöhe"; SS
REM:SPIELSIMULATION...........................................................
FOR i# = 1 TO N#: rd = RND
IF rd > b THEN ec = ec - 1: pr = 0: vc = vc + 1: GOTO vv
IF rd < a THEN zr = zr + 1: pr = pr - 1: GOTO zz
ec = ec + 1: pr = pr + 1
zz:
IF pr < -2 THEN pr = 0: vc = vc + 1: GOTO vv
IF pr > 0 THEN pr = 0: vc = vc - 1: GOTO gg
GOTO nx
gg:
IF c > 1 AND d = c THEN r = r + 2 * S: c = c - 1: d = c: GOTO nx
IF c > 1 AND d < c THEN r = r + S: c = c - 1: GOTO nx
IF c = 1 AND d = 0 THEN r = r + S: g = g + 1: c = M: d = 0: S = 1: GOTO nx
IF c = 1 AND d = 1 THEN r = r + 2 * S: g = g + 1: c = M: d = 0: S = 1: GOTO nx
vv:
IF c = M AND d = M THEN r = r - 2 * S: d = 1: S = 2 * S: GOTO v1
IF c = M AND d < c THEN r = r - S: d = d + 1: GOTO nx
IF c < M AND d = c THEN r = r - 2 * S: c = c + 1: d = c: GOTO nx
IF c < M AND d < c THEN r = r - S: c = c + 1: GOTO nx
v1:
IF 2 * S > SS AND d > 0 THEN : p = p + 1: c = M: d = 0: S = 1: GOTO nx
IF S > SS THEN : p = p + 1: c = M: d = 0: S = 1: GOTO nx
IF S > SH THEN SH = S
nx: NEXT i#
REM:SIMULATIONSDATENAUSWERTUNG UND AUSDRUCK...................................
FOR i = 1 TO 48: LPRINT TAB(19 + i); l$; : NEXT i
LPRINT : LPRINT TAB(20); "MEHRFACHMARTINGALE AUF ROT"
FOR i = 1 TO 48: LPRINT TAB(19 + i); l$; : NEXT i
LPRINT : LPRINT
LPRINT TAB(20); "Spielstrecke                        :"; N#
LPRINT TAB(20); "Staffelbreite                       :"; M
LPRINT TAB(20); "Erlaubte maximale Satzhöhe          :"; SS: LPRINT
FOR i = 1 TO 48: LPRINT TAB(19 + i); l$; : NEXT i
LPRINT : LPRINT
LPRINT TAB(20); "Anzahl gewonnener Partien           :"; g
LPRINT TAB(20); "Anzahl verlorener Partien           :"; p
v0 = vc / N#: g1 = g / N#: v1 = p / N#: v = -r / N#
LPRINT TAB(20); "Rel. Häufigkeit gewonnener Partien  : "; USING "#.#####"; g1
LPRINT TAB(20); "Rel. Häufigkeit verlorener Partien  : "; USING "#.#####"; v1
LPRINT
LPRINT TAB(20); "Saldogewinn in Satzeinheiten        :"; r
LPRINT TAB(20); "Mittlere Verlustrate                :"; USING "+#.#####"; v
LPRINT TAB(20); "Mittlere rel. Zerosteuer pro Satz   : "; USING "#.#####"; v0
ze = INT(10000 * (zr - N# / 37) + .5) / 10000: e = ec / (N# * 36 / 37) ^ .5
LPRINT : z = (zr - N# / 37) / (N# * 36 / 37 ^ 2) ^ .5
LPRINT TAB(20); "Rot-Schwarz-Ecart                   :"; ec
LPRINT TAB(20); "Gleicher Ecart statistisch          :"; USING "+#.#####"; e
LPRINT TAB(20); "Zero-Zeroerwartung-Ecart            :"; ze
LPRINT TAB(20); "Gleicher Ecart statistisch          :"; USING "+#.#####"; z
LPRINT
LPRINT TAB(20); "Vorgekommene maximale Satzhöhe      :"; SH: LPRINT
IF p = 0 THEN GOTO f1
n1 = INT(LOG(.75) / LOG(1 - v1) + .5): g2 = INT(n1 * M * g / N# + .5)
LPRINT TAB(20); "Erlaubte Spielstrecke               :"; n1
LPRINT TAB(20); "Zugeordnete Gewinnerwartung         :"; g2: LPRINT
f1:
LPRINT TAB(20); "Restfüllstand : c ="; c; ", d ="; d; ", S ="; S: LPRINT
END
```

```
MEHRFACHMARTINGALE AUF ROT


Spielstrecke                          : 5168
Staffelbreite                         : 4
Erlaubte maximale Satzhöhe            : 1400


Anzahl gewonnener Partien             : 249
Anzahl verlorener Partien             : 0
Rel. Häufigkeit gewonnener Partien    : 0.04818
Rel. Häufigkeit verlorener Partien    : 0.00000

Saldogewinn in Satzeinheiten          : 988
Mittlere Verlustrate                  :-0.19118
Mittlere rel. Zerosteuer pro Satz     : 0.00000

Rot-Schwarz-Ecart                     : 55
Gleicher Ecart statistisch            :+0.77562
Zero-Zeroerwartung-Ecart              :-24.6757
Gleicher Ecart statistisch            :-2.11669

Vorgekommene maximale Satzhöhe        : 128

Restfüllstand : c = 3 , d = 1 , S = 2
```

ANHANG D

Analyse des Parolispiels

1. Gewinnauszahlungshöhe

Wird ein Paroli-Satz gewonnen, so ist die Höhe der Gewinnauszahlung:

$$G = \left[\left(\frac{36}{c} \right)^m - 1 \right] S$$

mit

c $\,\hat{=}\,$ Chancengröße;

m $\,\hat{=}\,$ Anzahl getätigter Einsätze im Verlauf eines erfolgreichen Paroli-Versuchs, bei einem einfachen Paroli ist m=2, beim Masse egale-Spiel ist m=1;

S $\,\hat{=}\,$ Höhe des Ersteinsatzes.

2. Verlustraten

2.1 Paroli-Spiel auf Einfachen Chancen

Es wird ein einzelner Paroli-Versuch betrachtet. Wird irgendeiner der Sätze bis zum m-ten Satz verloren, so ist der Versuch gescheitert. Die Wahrscheinlichkeit hierfür ist $1-p^m$, wenn $p=c/37$ die Gewinnwahrscheinlichkeit für den einzelnen Satz darstellt. Im Verlustfall wird unter Berücksichtigung eines halben Satzverlustes beim Erscheinen von Zero im statistischen Durchschnitt $37S/38$ verloren. Diese Festlegung setzt voraus, daß die Hälfte des gesperrten Satzes ausgezahlt und ein neuer Paroli-Versuch begonnen wird. Es kann dann eine Zufallsgröße V definiert werden, für welche folgende Verteilungstabelle gilt:

V:	$\frac{37}{38}S$	$\left[1 - \left(\frac{36}{c} \right)^m \right] S$
	$1-p^m$	p^m

Der Erwartungswert von V entspricht dem Erwartungswert des Verlustes pro Paroli-Versuch:

$$E\{V\}/S = \frac{37}{38}(1-p^m) + \left[1-\left(\frac{36}{c}\right)^m\right]p^m.$$

Mit p=18/37 und c=18 folgt hieraus:

$$E\{V\}/S = 1-\left(\frac{36}{37}\right)^m - \frac{1}{38}(1-p^m).$$

Die mittlere Anzahl von Coups pro Paroli-Versuch ist:

$$E\{L\} = (1-p)[1 + 2p + 3p^2 + ... + mp^{m-1}] + mp^m = \frac{1-p^m}{1-p}.$$

Hiermit ergibt sich folgender Erwartungswert für die Verlustrate des Paroli-Spiels auf Einfachen Chancen:

$$E\{v\} = \frac{E\{V\}}{E\{L\}} = \frac{1-p}{1-p^m}\left[1-\left(\frac{36}{37}\right)^m - \frac{1}{38}(1-p^m)\right]S.$$

2.2 Parolispiel auf den mehrfachen Chancen

Im Verlustfall wird pro Paroli-Versuch ein ganzer Einsatz verloren Es gilt also:

V:

S	$\left[1-\left(\frac{36}{c}\right)^m\right]S$
$1-p^m$	p^m

$$E\{V\}/S = 1-p^m + \left[1-\left(\frac{36}{c}\right)^m\right]p^m = 1-\left(\frac{36}{37}\right)^m$$

Der Erwartungswert der Länge eines Paroli-Versuches entspricht dem ermittelten Ausdruck für die Erwartungslänge bei den Einfachen Chancen. Infolgedessen ist der Erwartungswert der Verlustrate des Parolispiels für alle Chancen mit Ausnahme der Einfachen Chancen:

$$E\{v\} = \frac{1-p}{1-p^m}\left[1-\left(\frac{36}{37}\right)^m\right]S.$$

ANHANG E

Simulation der d'Alembert-Progression

Das auf den Seiten 137, 138 aufgelistete QBASIC-Anwenderprogramm ermöglicht die Simulation der d'Alembert mit linearer und geometrischer Satzsteigerungstechnik. Zeros einschließlich der daraus resultierenden Satzsperrungen und -verluste werden korrekt simuliert. Bei Satzverlust durch Zerocoup nach doppelter Sperrung wird nicht progressiert (→ 87).

Der Programmablauf umfaßt nacheinander die Konstantenfestlegung und Dateneingabe, die Spielsimulation, Simulationsdatenauswertung und den Ausdruck.

1. Konstanten und Eingabedaten

Die korrespondierenden Bezeichnungen aus den d'Alembert-Kapiteln werden gegebenenfalls an zweiter Stelle genannt. Doppelgenauigkeitszeichen „#" werden weggelassen.

aa; bb:	Randomwert-Grenzen für Rot-, Schwarz-, Zerocoup-Bestimmung
N =N:	Spielstrecke, Anzahl von Coups
md:	Eingabeflag 1 bzw. 2 für linearen bzw. geometrischen Progressionsmodus
a = a:	Progressionsfaktor für geometrische Progression; Satzeinheit = 1
S = S:	Progressionsinkrement für lineare Progression; Vielfaches der Satzeinheit 1; mit S als Startsatz wird bei linearer Progression begonnen
DN = ΔN:	Degressionsintervall, d.h. Anzahl simulierter Treffer und Satzverluste, nach welchen Satzstufe X um jeweils 1 auf minimal 1 dekrementiert wird.
SS = S_{max}:	Maximale Satzhöhe als Vielfaches der Satzeinheit 1
j$:	Flag „n", falls sogenannte Satzliste nicht erwünscht ist
S(X) = S(X):	Satzhöhe S · X bzw. a^{X-1} für Satzstufe X als Vielfaches der Satzeinheit 1
XX:	SS zugeordnete höchste Satzstufe

2. Verwendete Größen für die Spielsimulation

rd:	Randomwert RND für i-ten Coup der zu simulierenden N Coups
X:	Momentane Satzstufe; $1 \leq X \leq XX$
N(X):	Zähler für Coups, bei welchen Satzstufe X vorliegt
rd>bb:	Bedingung für Verlustcoup (Schwarz)
rd<aa:	Bedingung für Zerocoup
aa $\leq$ rd $\leq$ bb:	Bedingung für Treffercoup (Rot)
ec = E_{abs}:	Rot-Schwarz-Ecart (→ 50)

pr:	Flag für Satzsperrung (Prison); –3 für Satzverlust; –2 für doppelte Sperrung; –1 für einfache Sperrung; 0 für ungesperrt; 1 für Treffercoup
j:	Treffer- + Satzverlustcoupzähler für Dekrementierung von X falls j = DN erreicht hat
zr:	Zerocoup-Zähler
D(X):	Zähler für Treffer- – Verlustcoups auf Satzstufe X
k:	Flag = 1, falls nach Satzverlust durch pr = –3 nicht progressiert werden soll
v:	Zähler für verlorene Partien, falls X>XX; X wird dann wieder auf 1 gesetzt
XH:	Höchste vorgekommene Satzstufe

3. Ausgewertete Simulationsdaten und Ausdruck

r:	Saldogewinn in Satzeinheiten = Summe der Produkte D(X)S(X) für X von 1 bis XM
vc:	Anzahl von Satzverlusten = Summe der -D(X) für X von 1 bis XM
v0 = v_0:	Mittlere relative „Zerosteuer" pro Satz = vc/N; Erwartungswert 0,01332 ($\rightarrow$ 63)
v1:	Relative Häufigkeit verlorener Partien = v/N
v2:	Mittlere Verlustrate = –r/N
e = E_{st}:	Statistischer Rot-Schwarz-Ecart ($\rightarrow$ 51) = ec(36N/37)$^{-0,5}$
ze:	„Zero-Zeroerwartung-Exart", d. h. Abweichung der Zerohäufigkeit vom Erwartungswert = ze-N/37
z:	Gleicher Ecart statistisch = ze(36N/37²)$^{-0,5}$
SM = S_m:	Statistisch mittlere Satzhöhe = Summe der S(X)N(X)/N für X = 1 bis X = XH
n1 = N_{erl}:	Mindestwert der erlaubten Spielstrecke ($\rightarrow$ 74) = ln(0,75)/ln(1–v1); Ausdruck nur, falls v≥1.

Der Ergebnisausdruck umfaßt die Eingabedaten Progessionsart, N, a bzw. DS, DN, SS und die eigentlichen Ergebnisse, nämlich v, v1, v0, r, v2, ec, e, ze, z, XH, S(XH),SM, letzte Satzstufe X, S(X), n1. Falls gewünscht wurde, wird eine „Satzliste" X, S(X), N(X), D(X) für alle Satzstufen X von 1 bis XH ausgedruckt.

Ein Ergebnisausdruck für die originäre d'Alembert mit linearer Progession, S = 1, SS = 37 über die erlaubte Spielstrecke N= N_{erl} = 499 ($\rightarrow$ 92) ist auf den Seiten 138, 139 wiedergegeben.

```
PRINT : PRINT : PRINT "D'Alembert auf Rot"
REM: KONSTANTENFESTLEGUNG UND DATENEINGABE ................................
PRINT : L$ = CHR$(196):  aa = 1 / 37: bb = 19 / 37: X = 1
DIM S(5000): DIM N(5000): DIM D(5000)
INPUT "Progressionsart (1=linear; 2=geometrisch)"; md
INPUT "Spielstrecke"; N#: IF md = 1 THEN GOTO f2
f1: INPUT "Progressionsfaktor"; a: GOTO f3
f2: INPUT "Progressionsinkrement"; S
f3: INPUT "Degressionsintervall"; DN#
INPUT "Erlaubte maximale Satzhöhe"; SS
INPUT "Satzliste erforderlich? j=ja; n=nein"; j$
f4: i = i + 1
IF md = 1 THEN S(i) = INT(i * S + .5)
IF md = 2 THEN S(i) = INT(a ^ (i - 1) + .5)
IF S(i) > SS THEN XX = i - 1: GOTO f5
GOTO f4
REM: SPIELSIMULATION ........................................................
f5:
FOR i# = 1 TO N#:  rd = RND: N(X) = N(X) + 1
IF rd > bb THEN ec = ec - 1: pr = 0: j = j + 1: GOTO vv
IF rd < aa THEN zr = zr + 1: pr = pr - 1: GOTO zz
ec = ec + 1: pr = pr + 1
zz:
IF pr < -2 THEN pr = 0: j = j + 1: k = 1: GOTO vv
IF pr > 0 THEN pr = 0: j = j + 1: GOTO gg
GOTO nx
gg:
D(X) = D(X) + 1: X = X - 1: GOTO nx
vv:
D(X) = D(X) - 1: X = X + 1
IF k = 1 THEN k = 0: X = X - 1: GOTO nx
IF X > XX THEN v = v + 1: X = 1
IF X > XH THEN XH = X
nx:
IF j >= DN# THEN j = 0: X = X - 1
IF X < 1 THEN X = 1
NEXT i#
REM: SIMULATIONSDATENAUSWERTUNG UND AUSDRUCK..........................
FOR i = 1 TO XH: r = r + D(i) * S(i): vc = vc - D(i): NEXT i:
FOR i = 1 TO 47: LPRINT TAB(19 + i); L$; : NEXT i
LPRINT : LPRINT TAB(20); "PROGRESSION D'ALEMBERT AUF ROT"
FOR i = 1 TO 47: LPRINT TAB(19 + i); L$; : NEXT i
LPRINT : LPRINT
M$ = "linear": IF md = 2 THEN M$ = "geometr."
LPRINT TAB(20); "Progressionsart                        : "; M$
LPRINT TAB(20); "Spielstrecke                          :"; N#
IF md = 2 THEN GOTO f6
LPRINT TAB(20); "Progressionsinkrement                 :"; S: GOTO f7
f6: LPRINT TAB(20); "Progressionsfaktor                  :"; a
f7: LPRINT TAB(20); "Degressionsintervall                :"; DN#
LPRINT TAB(20); "Erlaubte maximale Satzhöhe             :"; SS: LPRINT
FOR i = 1 TO 47: LPRINT TAB(19 + i); L$; : NEXT i
LPRINT : LPRINT
LPRINT TAB(20); "Abs.Häufigkeit verlorener Partien      :"; v
v0 = vc / N#: v1 = v / N#: v2 = -r / N#
LPRINT TAB(20); "Rel.Häufigkeit verlorener Partien      : "; USING ".######"; v1
LPRINT TAB(20); "Mittlere rel.Zerosteuer pro Satz      :"; USING "+.######"; v0
LPRINT
LPRINT TAB(20); "Saldogewinn in Satzeinheiten          :"; r
LPRINT TAB(20); "Mittlere Verlustrate                  :"; USING "+#.#####"; v2
ze = INT(10000 * (zr - N# / 37) + .5) / 10000: e = ec / (N# * 36 / 37) ^ .5
LPRINT : z = (zr - N# / 37) / (N# * 36 / 37 ^ 2) ^ .5
LPRINT TAB(20); "Rot-Schwarz-Ecart                     :"; ec
LPRINT TAB(20); "Gleicher Ecart statistisch            :"; USING "+#.#####"; e
```

```
LPRINT TAB(20); "Zero-Zeroerwartung-Ecart              :"; ze
LPRINT TAB(20); "Gleicher Ecart statistisch            :"; USING "+#.#####"; z
LPRINT
LPRINT TAB(20); "Vorgekommene höchste Satzstufe        :"; XH
LPRINT TAB(20); "Zugeordnete Satzhöhe                  :"; S(XH)
FOR i = 1 TO XH: h = N(i) / N#: SM = SM + h * S(i): NEXT i
LPRINT TAB(20); "Statistisch mittlere Satzhöhe         : "; USING "###.###"; SM
LPRINT TAB(20); "Letzte Satzstufe                      :"; X
LPRINT TAB(20); "Zugeordnete Satzhöhe                  :"; S(X): LPRINT
IF v = 0 THEN GOTO ff
n1 = INT(LOG(.75) / LOG(1 - v / N#) + .5)
LPRINT TAB(20); "Erlaubte Spielstrecke (Mindestwert)  :"; n1
ff: IF j$ = "n" THEN END
FOR i = 1 TO 40: LPRINT : NEXT
LPRINT TAB(20); "Satzstufe Satzhöhe Häufigkeit Trefferüber-"
LPRINT TAB(20); "   X         S(X)       N(X)      schuss D(X)"
FOR i = 1 TO 45: LPRINT TAB(19 + i); L$; : NEXT i
FOR X = 1 TO XH
LPRINT TAB(21); USING "####"; X;
LPRINT TAB(32); USING "####"; S(X);
LPRINT TAB(42); USING "#######"; N(X);
LPRINT TAB(56); USING "+#####"; D(X)
NEXT X
PRINT : LPRINT
END
```

PROGRESSION D'ALEMBERT AUF ROT

Progressionsart	: linear
Spielstrecke	: 499
Progressionsinkrement	: 1
Degressionsintervall	: 600
Erlaubte maximale Satzhöhe	: 37

Abs.Häufigkeit verlorener Partien	: 0
Rel.Häufigkeit verlorener Partien	: .000000
Mittlere rel.Zerosteuer pro Satz	:+.012024
Saldogewinn in Satzeinheiten	: 157
Mittlere Verlustrate	:-0.31463
Rot-Schwarz-Ecart	: 2
Gleicher Ecart statistisch	:+0.09077
Zero-Zeroerwartung-Ecart	: 1.5135
Gleicher Ecart statistisch	:+0.41782
Vorgekommene höchste Satzstufe	: 35
Zugeordnete Satzhöhe	: 35
Statistisch mittlere Satzhöhe	: 16.152
Letzte Satzstufe	: 13
Zugeordnete Satzhöhe	: 13

Satzstufe X	Satzhöhe S(X)	Häufigkeit N(X)	Trefferüber- schuss D(X)
1	1	14	+0
2	2	7	+3
3	3	4	-2
4	4	10	-6
5	5	13	+3
6	6	11	-4
7	7	14	-2
8	8	28	-10
9	9	35	-3
10	10	34	+4
11	11	22	+4
12	12	16	+0
13	13	10	+4
14	14	11	-1
15	15	8	+2
16	16	4	+0
17	17	9	-5
18	18	19	-5
19	19	23	+3
20	20	18	+0
21	21	21	-3
22	22	35	-9
23	23	37	+6
24	24	27	+3
25	25	18	+6
26	26	10	+2
27	27	6	+2
28	28	3	+1
29	29	4	-2
30	30	8	-1
31	31	6	+2
32	32	3	+1
33	33	3	-1
34	34	5	-1
35	35	3	+3

ANHANG F

Analyse einer Gewinnprogression

Für die hier durchgeführte Analyse gelten die im Anhang B gemachten Voraussetzungen sinngemäß. Innerhalb der Rechnung wird auf folgende Summenformeln zurückgegriffen:

$$1 + x + x^2 + x^3 + \ldots = 1/(1-x),$$
$$1 + 2x + 3x^2 + 4x^3 + \ldots = 1/(1-x)^2,$$
$$1 + 3x + 6x^2 + 10x^3 + 15x^4 + \ldots = 1/(2-x)^3.$$

Hierin ist $0 \leq x < 1$. Die Faktoren der x-Potenzen n-ten Grades in der letzten unendlichen Reihe sind $(n+1)(n+2)/2$. Die Satzprogression soll nach folgendem Schema durchgeführt werden:

$$2 - 2 - 3 - 4 - 5 - 6 - \ldots$$

Die Erstsatzhöhe beträgt also 2. Nach einem Gewinncoup wird diese Satzhöhe zunächst wiederholt. Erst nach weiteren Gewinncoups wird dann die Satzhöhe jeweils um 1 erhöht, bis der erste Satzverlust erfolgt. Danach wird wieder mit dem Grundeinsatz 2 begonnen. Treten Verlustcoups hintereinander auf, so wird keine Steigerung der Satzhöhe vorgenommen und diese auf 2 konstant gehalten. Beim Erscheinen von Zero soll jeweils so lange gewartet werden, bis der Einsatz entweder aus der Sperrung gelangt oder verfällt. Im ersten Fall wird das Spiel mit gleicher Satzhöhe fortgesetzt, im zweiten Fall ist die nächste Satzhöhe 2. Es gelten dann die im Anhang B ermittelten Satzgewinn- bzw. Satzverlustwahrscheinlichkeiten p_+ bzw. p_- sowie die zugeordneten Werte der mittleren Anzahl von Coups L_+ bzw. L_-.

Progressionsläufe

In der folgenden Tabelle sind die den unterschiedlich langen Gewinncoupsequenzen +++... zugeordneten Gewinne G_1, Wahrscheinlichkeiten $p(s)$ und Längen L_1 angegeben. Die Satzhöhen sind mit S bezeichnet. Die jeweilige Anzahl von Gewinncoups ist s.

s	S= 2	2	3	4	5	6	G_1	$p(s)$	L_1
1	+	−					0	$p_- p_+$	$L_- + L_+$
2	+	+	−				1	$p_- p_+^2$	$L_- + 2L_+$
3	+	+	+	−			3	$p_- p_+^3$	$L_- + 3L_+$
4	+	+	+	+	−		6	$p_- p_+^4$	$L_- + 4L_+$
5	+	+	+	+	+	−	10	$p_- p_+^5$	$L_- + 5L_+$
⋮	⋮	⋮					⋮	⋮	⋮
s							$s(s-1)/2$	$p_- p_+^s$	$L_- + sL_+$

Die Summenwahrscheinlichkeit aller Gewinncoupsequenzen ist:

$$p_1 = \sum_{s=1}^{\infty} p_- p_+^s = \frac{p - p_+}{1 - p_+} = p_+.$$

Der Erwartungswert der Länge einer Gewinncoupsequenz ist:

$$E\{L_1\} = \frac{1}{p_1} \sum_{s=1}^{\infty} p_- p_+^s (L_- + s L_+) = p_- L_- \frac{1}{1 - p_+} + p_- L_+ \frac{1}{(1 - p_+)^2} = L_- + L_+/p_-.$$

Der Erwartungswert des Gewinnes einer Gewinncoupsequenz ist:

$$E\{G_1\} = \frac{1}{p_1} \sum_{s=2}^{\infty} \frac{1}{2} s(s-1) p_- p_+^s = \frac{p - p_+}{2} \sum_{s=2}^{\infty} (s^2 - s) p_+^{s-2} = p_+/p_-^2.$$

Verlustcoupsequenzen

In der folgenden Tabelle sind die den unterschiedlich langen Verlustcoupsequenzen $-\ldots$ zugeordneten Verluste $-G_2$, Wahrscheinlichkeiten $p(s)$ und Längen L_2 aufgeführt. Die Satzhöhen sind konstant $S = 2$. Die jeweilige Anzahl von Verlustcoups ist s. $(+)$ kennzeichnet eine Gewinncoupsequenz mit der Wahrscheinlichkeit p_+, die vorausgegangen ist bzw. folgt. $(-)$ kennzeichnet einen vorausgegangenen bzw. folgenden Verlustcoup mit der Wahrscheinlichkeit p_-.

s	S = 2 2 2 …		$-G_2$	$p(s)$	L_2
0	(−)	(−)	0	p_-^2	0
1	(+)−	(+)	2	$p_+^2 p_-$	L_-
2	(+)− −	(+)	4	$p_+^2 p_-^2$	$2L_-$
3	(+)− − −	(+)	6	$p_+^2 p_-^3$	$3L_-$
•	•	•	•	•	•
•	•	•	•	•	•
•	•	•	•	•	•
s			2s	$p_+^2 p_-^s$	$s\,L_-$

Die Summenwahrscheinlichkeit aller Verlustcoupsequenzen ist:

$$p_2 = p_-^2 + \sum p_+^2 p_-^s = p_-^2 + p_+ p_- = p_-.$$

Der Erwartungswert der Länge einer Verlustcoupsequenz ist:

$$E\{L_2\} = \frac{1}{p_2} \Sigma p_+{}^2 p_-{}^s s L_- = L_- \, .$$

Der Erwartungswert des Gewinnes einer Verlustcoupsequenz ist:

$$E\{G_2\} = - \frac{1}{p_2} \Sigma p_+{}^2 p_-{}^s 2s = -2 .$$

Integrale Gewinnrate

Der Erwartungswert des Gewinnes pro $E\{L\}$ Coups ist $p_1 E\{G_1\} + p_2 E\{G_2\}$. $E\{L\}$ ist der Erwartungswert der Länge der Gewinn- und Verlustcoupsequenzen, nämlich $E\{L\} = p_1 E\{L_1\} + p_2 E\{L_2\}$. Folglich ist die Gewinnrate des untersuchten Gewinnprogressionsspiels:

$$E\{g\} = \frac{p_1 E\{G_1\} + p_2 E\{G_2\}}{p_1 E\{L_1\} + p_2 E\{L_2\}} .$$

Setzt man in diese Formel die eingangs ermittelten Ausdrücke für die Wahrscheinlichkeiten und Erwartungswerte ein, so erhält man:

$$E\{g\} = \frac{p_+{}^2/p_-{}^2 - 2p_-}{p_+ L_- + p_+ L_+/p_- + p_- L_-}$$

Mit den Zahlenwerten für p_+, p_-, L_+ und L_- aus Anhang B resultiert:

$$E\{g\} = -0,0303763.$$

Der Erwartungswert der Verlustrate des analysierten Gewinnprogressionsspiels ist also ca. 3%, d.h., über lange Spielstrecken hinweg wird pro Coup ca. 3% der Satzeinheit und 1,5% der benutzten Mindestsatzhöhe von 2 Satzeinheiten verloren.

ANHANG G

Simulation der Guetting-Progression

Das auf den Seiten 145, 146 aufgelistete QBASIC-Anwenderprogramm ermöglicht die Simulation der Guetting-Progression. Zeros einschließlich der daraus resultierenden Satzsperrungen und -verluste werden korrekt simuliert.

Der Programmablauf umfaßt nacheinander die Konstantenfestlegung und Dateneingabe, die Spielsimulation, Simulationsdatenauswertung und den Ausdruck.

1. Konstanten und Eingabedaten

Die korrespondierenden Bezeichnungen aus dem Kapitel „die Guetting-Progression" und anderen Kapiteln werden gegebenenfalls an zweiter Stelle genannt. Doppelgenauigkeitszeichen „#" werden weggelassen.

aa; bb:	Randomwert-Grenzen für Rot-, Schwarz-, Zerocoup-Bestimmung
X,Y:	Satzstufe; Haupt- bzw. Unterstufe des Progressionsschemas ($\rightarrow$ 106)
S(X,Y):	Satzhöhe für Satzstufe X,Y gemäß Progressionsschema
N = N:	Spielstrecke, Anzahl von Coups

2. Verwendete Größen für die Spielsimulation

rd:	Randomwert RND für i-ten Coup der zu simulierenden N Coups
X,Y:	Momentane Satzstufe
N(X,Y):	Zähler für Coups, bei welchen Satzstufe X,Y vorliegt
rd>bb:	Bedingung für Verlustcoup (Schwarz)
rd<aa:	Bedingung für Zerocoup
aa$\leq$rd$\leq$bb:	Bedingung für Treffercoup (Rot)
ec = E_{abs}:	Rot-Schwarz-Ecart ($\rightarrow$ 50)
pr:	Flag für Satzsperrung (Prison); -3 für Satzverlust; -2 für doppelte Sperrung; -1 für einfache Sperrung; 0 für ungesperrt; 1 für Treffercoup
zr:	Zerocoup-Zähler
D(X,Y):	Trefferüberschuß-Zähler für Satzstufe X,Y
SS:	Größte vorgekommene Satzhöhe

3. Ausgewertete Simulationsdaten und Ausdruck

r:	Saldogewinn in Satzeinheiten = Summe der Produkte $D(X,Y)S(X,Y)$ über alle Satzstufen X,Y
vc:	Anzahl von Satzverlusten = Summe der $-D(X,Y)$ über alle Satzstufen X,Y
$v0 = v_0$:	Mittlere relative „Zerosteuer" pro Satz = vc/N; Erwartungswert 0,01332 ($\rightarrow$ 63).
v1:	Mittlere Verlustrate = $-r/N$
$e = E_{st}$:	Statistischer Rot-Schwarz-Ecart ($\rightarrow$ 51) = $ec(36N/37)^{-0,5}$
ze:	„Zero- Zeroerwartung-Ecart", d.h. Abweichung der Zerohäufigkeit vom Erwartungswert = $zr-N/37$
z:	Gleicher Ecart statistisch = $ze(36N/37^2)^{-0,5}$
$SM = S_m$:	Statistisch mittlere Satzhöhe = Summe der $S(X,Y)H(X,Y)/N$ für alle X,Y

Der Ergebnisausdruck umfaßt N, die oben genannten Auswertungen sowie ec, SS und die letzte Satzhöhe $S(X,Y)$. Außerdem wird eine Liste mit den in Zeilen angeordneten Werten X, Y, $S(X,Y)$, $N(X,Y)$, $D(X,Y)$ und $d = D(X,Y)/N$ für alle Satzstufen Y,Y ausgedruckt.

Ein Ergebnisausdruck für N= 10.000 ist auf Seite 147 wiedergegeben.

```
PRINT : PRINT "Simulation der Guetting-Progression"
REM: KONSTANTENFESTLEGUNG UND DATENEINGABE ...................................
PRINT : L$ = CHR$(196):   aa = 1 / 37: bb = 19 / 37: X = 1: Y = 1
S(1, 1) = 2: S(1, 2) = 2: S(2, 1) = 3: S(2, 2) = 3: S(2, 3) = 4: S(2, 4) = 4
S(2, 5) = 6: S(2, 6) = 6: S(3, 1) = 8: S(3, 2) = 8: S(3, 3) = 12: S(3, 4) = 12
S(3, 5) = 16: S(3, 6) = 16: S(4, 1) = 20: S(4, 2) = 20: S(4, 3) = 30
S(4, 4) = 30: S(4, 5) = 40: S(4, 6) = 40
INPUT "Spielstrecke"; N#
REM: SPIELSIMULATION ......................................................
FOR i# = 1 TO N#: rd = RND: N(X, Y) = N(X, Y) + 1
IF rd > bb THEN ec = ec - 1: pr = 0:  GOTO vv
IF rd < aa THEN zr = zr + 1: pr = pr - 1: GOTO zz
ec = ec + 1: pr = pr + 1
zz:
IF pr < -2 THEN pr = 0:    GOTO vv
IF pr > 0 THEN pr = 0:  GOTO gg
GOTO nx
gg:
D(X, Y) = D(X, Y) + 1: Y = Y + 1
IF X = 1 AND Y > 2 THEN X = 2: Y = 1: GOTO nx
IF X = 4 AND Y > 6 THEN X = 1: Y = 1:   GOTO nx
IF Y > 6 THEN Y = 1: X = X + 1
GOTO nx
vv:
D(X, Y) = D(X, Y) - 1
IF Y = 2 OR Y = 4 OR Y = 6 THEN Y = Y - 1: GOTO nx
IF Y = 1 OR Y = 3 OR Y = 5 THEN Y = 1: X = X - 1
IF X < 1 THEN X = 1
nx:
IF S(X, Y) > SS THEN SS = S(X, Y)
NEXT i#
REM: SIMULATIONSDATENAUSWERTUNG UND AUSDRUCK..............................
FOR i = 1 TO 4
FOR j = 1 TO 6: r = r + D(i, j) * S(i, j): vc = vc - D(i, j): NEXT j
NEXT i
FOR i = 1 TO 47: LPRINT TAB(19 + i); L$; : NEXT i
LPRINT : LPRINT TAB(20); "GUETTING-PROGRESSION"
FOR i = 1 TO 47: LPRINT TAB(19 + i); L$; : NEXT i
LPRINT : LPRINT
LPRINT TAB(20); "Spielstrecke                          :"; N#
LPRINT : v0 = vc / N#: v1 = -r / N#
LPRINT TAB(20); "Saldogewinn in Satzeinheiten          :"; r
LPRINT TAB(20); "Mittlere Verlustrate                  :"; USING "+#.#####"; v1
ze = INT(10000 * (zr - N# / 37) + .5) / 10000: e = ec / (N# * 36 / 37) ^ .5
LPRINT : z = (zr - N# / 37) / (N# * 36 / 37 ^ 2) ^ .5
LPRINT TAB(20); "Rot-Schwarz-Ecart                     :"; ec
LPRINT TAB(20); "Gleicher Ecart statistisch            :"; USING "+#.#####"; e
LPRINT TAB(20); "Mittlere rel. Zerosteuer pro Satz  :"; USING "+.######"; v0
LPRINT TAB(20); "Zero-Zeroerwartung-Ecart              :"; ze
LPRINT TAB(20); "Gleicher Ecart statistisch            :"; USING "+#.#####"; z
LPRINT
LPRINT TAB(20); "Vorgekommene größte Satzhöhe          :"; SS
FOR i = 1 TO 4
FOR j = 1 TO 6: h = N(i, j) / N#: SM = SM + h * S(i, j): NEXT j
NEXT i
LPRINT TAB(20); "Statistisch mittlere Satzhöhe         :"; USING "##.###"; SM
LPRINT TAB(20); "Letzte Satzhöhe                       :"; S(X, Y)
LPRINT : LPRINT
LPRINT TAB(22); "X       Y       S       n       D       d% "
FOR i = 1 TO 47: LPRINT TAB(19 + i); L$; : NEXT i
FOR i = 1 TO 4
FOR j = 1 TO 6
IF i = 1 AND j > 2 THEN GOTO f
LPRINT TAB(22); USING "#"; i;
```

```
      LPRINT TAB(28); USING "#"; j;
      LPRINT TAB(34); USING "##"; S(i, j);
      LPRINT TAB(41); USING "#######"; N(i, j);
      LPRINT TAB(50); USING "+######"; D(i, j);
      LPRINT TAB(60); USING "+###.##"; 100 * D(i, j) / (N(i, j) + .0001);
      NEXT j
    f: NEXT i
      LPRINT : LPRINT : LPRINT
      LPRINT TAB(20); "Bedeutung der Kopfzeilezeichen:"
      LPRINT
      LPRINT TAB(20); "X      : Hauptstufe des Progressionsschemas"
      LPRINT TAB(20); "Y      : Unterstufe des Progressionsschemas"
      LPRINT TAB(20); "S      : Zugeordnete Satzhöhe"
      LPRINT TAB(20); "n      : Zugeordnete Anzahl von Coups"
      LPRINT TAB(20); "D      : Zugeordneter Trefferüberschuß"
      LPRINT TAB(20); "d      : Relativer Trefferüberschuß D/n"
      END
```

GUETTING-PROGRESSION

Spielstrecke				: 10000	

Saldogewinn in Satzeinheiten				:-81	
Mittlere Verlustrate				:+0.00810	

Rot-Schwarz-Ecart				: 114	
Gleicher Ecart statistisch				:+1.15572	
Mittlere rel. Zerosteuer pro Satz				:+.002000	
Zero-Zeroerwartung-Ecart				:-8.2703	
Gleicher Ecart statistisch				:-0.51000	

Vorgekommene größte Satzhöhe				: 20	
Statistisch mittlere Satzhöhe				: 2.568	
Letzte Satzhöhe				: 3	

X	Y	S	n	D	d%
1	1	2	4424	-63	-1.42
1	2	2	2194	+31	+1.41
2	1	3	1485	-3	-0.20
2	2	3	754	+28	+3.71
2	3	4	518	-5	-0.97
2	4	4	257	+8	+3.11
2	5	6	176	-8	-4.55
2	6	6	84	-4	-4.76
3	1	8	54	-8	-14.81
3	2	8	21	+1	+4.76
3	3	12	12	+0	+0.00
3	4	12	6	+4	+66.67
3	5	16	8	+2	+25.00
3	6	16	5	-1	-20.00
4	1	20	2	-2	-100.00
4	2	20	0	+0	+0.00
4	3	30	0	+0	+0.00
4	4	30	0	+0	+0.00
4	5	40	0	+0	+0.00
4	6	40	0	+0	+0.00

Bedeutung der Kopfzeilezeichen:

X	:	Hauptstufe des Progressionsschemas
Y	:	Unterstufe des Progressionsschemas
S	:	Zugeordnete Satzhöhe
n	:	Zugeordnete Anzahl von Coups
D	:	Zugeordneter Trefferüberschuß
d	:	Relativer Trefferüberschuß D/n

ANHANG H

Simulation solitärer Serien

Mit dem auf der folgenden Seite aufgelisteten QBASIC-Programm werden die beiden Teile x und y einer Einfachen Chance und Zeros über eine frei wählbare Spielstrecke von N Coups simuliert. Die sich bildenden solitären Serien 2. Ordnung (→ 39ff.) von x und von y werden abgezählt. Die resultierenden statistischen Abweichungen der Häufigkeiten von den Erwartungswerten und die als Relativbezug benutzte Standardabweichung werden in Abhängigkeit von den Serienlängen s zeilenweise ausgedruckt. Außerdem werden die relativen Häufigkeiten, deren Erwartungswerte, die relativen und statistischen Ecarts von x, y und Zero ausgedruckt.

REM 1 und folgende Zeilen: Datenfelddimensionierungen, Festlegung von Zeichen und Wahrscheinlichkeitskonstante, N-Eingabe.

REM 2: In der i-Schleife werden die Häufigkeiten der solitären Serien abgezählt. Als Zufallsgröße zwischen 0 und 37 fungiert rd.

REM 3 und REM 4: rd<1 gilt als Zerocoup. Zähler z wird um 1 erhöht. Die bis zu diesem Zeitpunkt eventuell, nämlich im Fall x ≥1, aufgelaufene x-Serie der Länge x erhöht die als Zähler für die Häufigkeit fungierende Feldvariable x(x) um 1. Der x-Zähler wird auf 0 zurückgesetzt, da die eventuelle x-Serie mit Zero abgeschlossen worden ist. Entsprechende Aktionen erfolgen für eine eventuell aufgelaufene y-Serie in der REM 4-Zeile.

REM 5 und REM 6: 1≤rd≤19 wird als x-Ereignis interpretiert. Der xx-Zähler für die Gesamthäufigkeit von x-Ereignissen wird um 1 erhöht. Der x-Zähler für die x-Serienlänge wird um 1 erhöht. Die bis zu diesem Zeitpunkt eventuell aufgelaufene y-Serie wird abgeschlossen. Entsprechende Aktionen erfolgen in der REM 6-Zeile für ein y-Ereignis, wenn rd≥19 festgestellt wurde.

REM 7 und folgende Zeilen: Auswertung der Zählerstände xx, yy, z, x(x) und y(y) und Ausdruck der Ergebnisse in Tabellenform.

Ein derartiger Ergebnisausdruck für N = 1.000.000 ist auf der übernächsten Seite wiedergegeben.

Anmerkung: Die Standardabweichungen $\sigma(s)$ gelten für normalverteilte und annähernd normalverteilte Häufigkeiten H(s). Für das gewählte (geringe) N wird diese Voraussetzung etwa oberhalb von s = 14 immer weniger erfüllt, die tatsächliche Binomialverteilung weicht von der Normalverteilungsannäherung immer mehr ab, so daß insbesondere negative Werte der statistischen Abweichungen DX(s), DY(s) immer ungenauer werden. Solche Werte werden vom Programm jedoch nicht inhibiert, um auf die ermittelten Häufigkeiten X(s) und Y(s) zurückrechnen zu können: Für s = 19 beispielsweise ist offensichtlich X(s) = 1 und Y(s) = 0.

```
PRINT "Simulation solitärer Serien ................................."
DIM x(30): DIM y(30): s$ = CHR$(229): l$ = CHR$(196): p = 1 / 37:    REM 1
s0$ = CHR$(229) + "(0)": ss$ = CHR$(229) + "(s) "
INPUT "Anzahl simulierter Coups"; N
FOR i = 1 TO N: rd = 37 * RND:                                        REM 2
IF rd < 1 THEN x(x) = x(x) + 1: x = 0: z = z + 1:                     REM 3
IF rd < 1 THEN y(y) = y(y) + 1: y = 0: GOTO flag:                     REM 4
IF rd < 19 THEN xx = xx + 1: x = x + 1: y(y) = y(y) + 1: y = 0:       REM 5
IF rd >= 19 THEN yy = yy + 1: y = y + 1: x(x) = x(x) + 1: x = 0:      REM 6
flag: NEXT i
FOR i = 1 TO 47: LPRINT TAB(19 + i); l$; : NEXT i:                    REM 7
LPRINT : LPRINT TAB(20); "SOLITÄRE SERIEN"
FOR i = 1 TO 47: LPRINT TAB(19 + i); l$; : NEXT i
LPRINT : LPRINT
LPRINT TAB(20); "Anzahl N simulierter Coups          :"; N
LPRINT
hx = xx / N: hy = yy / N: a$ = "relative Häufigkeit ": p = 18 / 37
b$ = "Erwartungswert ": c$ = "relativer Ecart ": dh = hx - hy
d$ = "Standardabweichung " + s$ + " des rel. Ecarts"
sh = (2 * p / N) ^ .5: e$ = "statistischer Ecart [h(x)-h(y)]/"
LPRINT TAB(20); a$; "h(x) von x-Coups  :  "; USING "#.####"; hx
LPRINT TAB(20); a$; "h(y) von y-Coups  :  "; USING "#.####"; hy
LPRINT TAB(20); b$; "von h(x) und h(y)     :  "; USING "#.####"; p
LPRINT TAB(20); c$; "Eabs/N = h(x)-h(y)    :  "; USING "+#.####"; dh
LPRINT TAB(20); d$; "  :  "; USING "#.####"; sh
LPRINT TAB(20); e$; s$; "        : "; USING "+#.####"; dh / sh
LPRINT : p = 1 / 37: h = z / N
LPRINT TAB(20); a$; "h(0) von Zero    :  "; USING "#.####"; h
LPRINT TAB(20); b$; "p=1/37 von h(0)       :  "; USING "#.####"; p
s = (p * (1 - p) / N) ^ .5: g$ = "Standardabweichung ": d = (h - p) / s
LPRINT TAB(20); g$; s0$; " von h(0)       :  "; USING "#.####"; s
h$ = "statistische Abweichung [h(0)-p]/" + s0$
LPRINT TAB(20); h$; "  :  "; USING "+#.####"; d
LPRINT
FOR i = 1 TO 47: LPRINT TAB(19 + i); l$; : NEXT i
LPRINT
a$ = "s        EH(s)           ": b$ = "        DX(s)        DY(s)"
LPRINT TAB(20); a$; ss$; b$
FOR i = 1 TO 47: LPRINT TAB(19 + i); l$; : NEXT i
LPRINT
FOR i = 1 TO 20
LPRINT TAB(19); i;
p = 18 / 37: p = p ^ i * (1 - p) ^ 2: eh = p * N
LPRINT USING "######.#"; TAB(25); eh;
s = (N * p * (1 - p)) ^ .5
LPRINT USING "###.#"; TAB(39); s;
dx = (x(i) - eh) / s: dy = (y(i) - eh) / s
LPRINT USING "+#.#"; TAB(51); dx;
LPRINT USING "+#.#"; TAB(62); dy
NEXT i
FOR i = 1 TO 47: LPRINT TAB(19 + i); l$; : NEXT i
LPRINT : LPRINT
LPRINT TAB(20); "Bedeutung der Kopfzeilezeichen :": LPRINT
LPRINT TAB(20); "s       : Länge der solitären Serie"
LPRINT TAB(20); "EH(s)   : Erwartungswert der Häufigkeit"
LPRINT TAB(20); ss$; "  : Standardabweichung der Häufigkeit"
LPRINT TAB(20); "X(s)    : Häufigkeit von x-Serien"
LPRINT TAB(20); "Y(s)    : Häufigkeit von y-Serien"
LPRINT TAB(20); "DX(s)   : statist. Abweichung [X(s)-EH(s)]/"; ss$
LPRINT TAB(20); "DY(s)   : statist. Abweichung [Y(s)-EH(s)]/"; ss$
END
```

SOLITÄRE SERIEN

Anzahl N simulierter Coups		: 1000000		

relative Häufigkeit h(x) von x-Coups	: 0.4867
relative Häufigkeit h(y) von y-Coups	: 0.4862
Erwartungswert von h(x) und h(y)	: 0.4865
relativer Ecart Eabs/N = h(x)-h(y)	: +0.0005
Standardabweichung σ des rel. Ecarts	: 0.0010
statistischer Ecart [h(x)-h(y)]/σ	: +0.4937

relative Häufigkeit h(0) von Zero	: 0.0271
Erwartungswert p=1/37 von h(0)	: 0.0270
Standardabweichung σ(0) von h(0)	: 0.0002
statistische Abweichung [h(0)-p]/σ(0)	: +0.7028

s	EH(s)	σ(s)	DX(s)	DY(s)
1	128284.6	334.4	+0.1	+0.8
2	62408.7	241.9	+0.6	+0.3
3	30361.0	171.6	-1.7	+0.3
4	14770.2	120.6	+0.9	-0.3
5	7185.5	84.5	+0.9	-1.4
6	3495.7	59.0	-0.1	-0.8
7	1700.6	41.2	-0.1	+0.2
8	827.3	28.8	+1.6	+1.2
9	402.5	20.1	+0.1	-1.1
10	195.8	14.0	-0.8	-0.5
11	95.3	9.8	-1.3	-0.1
12	46.3	6.8	-0.5	-1.5
13	22.5	4.7	-1.0	+1.8
14	11.0	3.3	-0.6	+0.6
15	5.3	2.3	-0.6	+2.0
16	2.6	1.6	+0.3	-1.0
17	1.3	1.1	-0.2	-1.1
18	0.6	0.8	+0.5	-0.8
19	0.3	0.5	+1.3	-0.5
20	0.1	0.4	-0.4	+2.2

Bedeutung der Kopfzeilezeichen :

s	: Länge der solitären Serie
EH(s)	: Erwartungswert der Häufigkeit
σ(s)	: Standardabweichung der Häufigkeit
X(s)	: Häufigkeit von x-Serien
Y(s)	: Häufigkeit von y-Serien
DX(s)	: statist. Abweichung [X(s)-EH(s)]/σ(s)
DY(s)	: statist. Abweichung [Y(s)-EH(s)]/σ(s)

ANHANG I

Ecart-Berechnungen

Für die Ecart-Zufallsgröße $E_{abs} = H_A - H_B$ gilt nach einem Coup mit der Realisationswahrscheinlichkeit p jedes der beiden Chancenteile A und B folgende Verteilungstabelle:

+1	−1	0
p	p	1−2p

Nach den präsentierten Rechenregeln ($\rightarrow$ 18ff.) ergibt sich mit $E\{E_{abs}\}/N = +p-p+0 \cdot (1-2p) = 0$ und $E\{E_{abs}\} = \mu$

$$\mu = 0$$

als Erwartungswert von E_{abs}. Für die Varianz resultiert: $\sigma^2/N = (+1-0)^2 \cdot p + (-1-0)^2 \cdot p = 2p$. Die Standardabweichung von E_{abs} ist also

$$\sigma = \sqrt{2pN}.$$

Im Gegensatz zu den bisher betrachteten Zufallsgrößen sind die Zufallsgrößen H_A und H_B stochastisch abhängig, obgleich diese durch Abzählung aus unabhängigen Zufallsereignissen A und B hervorgehen. Diese Abhängigkeit von H_A und H_B erhöht sich mit wachsendem p, so daß die größte Abhängigkeit für die beiden Teile einer Einfachen Chance besteht. Dies wird plausibel, wenn man sich verdeutlicht, daß der Erwartungswert der Häufigkeitssumme H_A+H_B in Anbetracht der seltenen Zeros mit $E\{H_A+H_B\}=2pN$ und $2p=2 \cdot 18/37 = 0,973$ annähernd so groß wie die Gesamtzahl N von Coups ist. Liegt also im konkreten Fall H_A über dem Erwartungswert pN, so liegt H_B meistens darunter und vice versa. Es besteht eine sogenannte negative Kovarianz zwischen H_A und H_B. Ohne auf die rechnerische Herleitung einzugehen, werde an dieser Stelle die resultierende „normierte Kovarianz" $k = (E\{H_A H_B\} - \mu^2)/\sigma^2$ angegeben. Sie beträgt in Abhängigkeit von p $k = -p/(1-p)$. Der Absolutwert von k ist mit 0,0277 für zwei Plein-Chancenteile am geringsten und mit 0,947 für die beiden Teile einer Einfachen Chance am größten.

Nach einem Theorem der Wahrscheinlichkeitstheorie ergibt sich als Summe oder Differenz zweier normalverteilter unabhängiger aber auch abhängiger Zufallsgrößen eine wiederum normalverteilte Zufallsgröße. Die Wahrscheinlichkeitsverteilung der einzelnen Werte von E_{abs}, die mit ϵ bezeichnet werden sollen, entspricht also der rechten Seite von Gl. (15). Man erhält mit den eingangs berechneten Ausdrücken für μ und σ

$$p(E_{abs} = \epsilon) = \frac{1}{\sqrt{4\pi pN}} \, e^{-\epsilon^2/(4pN)}$$

An der Stelle $\epsilon = 0$ ist die Exponentialfunktion identisch 1, und es folgt

$$p(E_{abs} = 0) \cong \frac{1}{\sqrt{4\pi pN}}$$

als Wahrscheinlichkeit eines Nullecarts.

Solche Ergebnisse lassen sich statistisch durch einfache Simulationsprogramme auf dem Rechner verifizieren. – Bis einschließlich zur 4. Auflage des vorliegenden Buches wird mit $p(E_{abs} = 0) = (\pi N/2)^{-0,5}$ der doppelte Wert für die Wahrscheinlichkeit eines Nullecarts angegeben. Dies liegt daran, daß dort – wie ausdrücklich vorausgesetzt – nur die beiden Teile einer Einfachen Chance mit jeweils p = 0,5 betrachtet, Zeros also ignoriert werden. Unter dieser Voraussetzung kann ein Nullecart nur für geradzahliges N auftreten: Die Wahrscheinlichkeiten für ungeradzahlige Ecarts werden identisch 0, die Wahrscheinlichkeiten für geradzahlige Ecarts einschließlich 0 verdoppeln sich.

ANHANG J
Roulette-Spielregeln

Für den Leser, der mit den Spielregeln des Roulette nur wenig oder auch garnicht vertraut ist, hier eine kurze Einführung in Spielablauf und -reglement:

Wie bei einer Zahlenlotterie geht es beim Roulette um die Auslosung von Gewinnzahlen und die Auszahlung von Geldgewinnen an diejenigen Spielteilnehmer, deren „Losnummer" ganz oder teilweise der jeweils ausgelosten Gewinnzahl gleicht. Die Auslosung beim Roulette erfolgt durch den Coup, d.h. das Hereinwerfen einer Kugel in den Rouletteapparat mit dem rotierenden Diskus, an dessen Peripherie die sogenannten Nummernfächer in der oben rechts dargestellten Reihenfolge angebracht sind. Jeweilige Gewinnzahl ist die Nummer des Faches, in das die Kugel schließlich hineinfällt. Es existieren insgesamt 37 Nummern, nämlich die Gewinnzahlen 0 bis 36. Das „Los" erwirbt der Teilnehmer am Roulettespiel durch Plazieren eines Jetons oder Chips, den er vorher von der Spielbank gekauft hat, auf die von ihm ausgewählte Nummer. Diese Nummern sind auf dem Spieltischtuch vor dem Rouletteapparat in Gestalt eines Tableaus, siehe oben links, aufgezeichnet. Der Spielteilnehmer hat darüber hinaus die Möglichkeit, den einzelnen Jeton so zu plazieren, daß nicht nur eine Nummer sondern zwei oder mehrere Nummern ausgewählt sind. Gleicht die anschließend ausgeloste Gewinnzahl einer dieser Nummern, so ist die Gewinnauszahlung umso geringer, je mehr Nummern die Plazierung einbezieht. Der Spielteilnehmer ist berechtigt vor dem einzelnen Coup weitere Jetons beliebig, d.h. auch an anderen Stellen zu plazieren.

Die angedeuteten Setzmöglichkeiten auf dem Tableau sind die sogenannten Chancen. Für den individuellen Spieltisch in einer Spielbank ist ein chancenabhängiger Mindesteinsatz und ein chancenabhängiger Höchsteinsatz festgelegt. Für Spieltische mit größeren Mindesteinsätzen sind vergleichsweise auch größere Höchsteinsätze vorgesehen. Mindesteinsätze liegen bei DM 2, −, 5, −, 10, − oder 20, −. Größter Höchsteinsatz für einen Spieltisch mit einem Mindesteinsatz von DM 10, − kann beispielsweise DM 12000, − sein. Dieser ist für die sogenannten Einfachen Chancen zulässig, die jeweils 18 Gewinnzahlen umfassen. Der geringste Höchsteinsatz, beispielsweise DM 340, − bei einem Spieltisch mit einem Mindesteinsatz von DM 10, −, ist für die Plein-Chance vorgesehen, mit der eine einzelne Gewinnzahl ausgewählt wird.

Die einzelnen Chancen mit den zugeordneten Plazierungen und Gewinnauszahlungen sind unterhalb des Roulettekessel-Schemas aufgeführt. Die Plazierungen können auch durch einen der am Spieltisch sitzenden Croupiers, Angestellten der Spielbank, gemäß Ansage der Chance durch den Spielteilnehmer vorgenommen werden. Neben den im Gewinnplan aufgeführten Plazierungen unter Ausnahme der Einfachen Chancen werden von den Croupiers auch solche Plazierungen mit jeweils mehreren Jetons durchgeführt, wie beispielsweise für die sogenannte Große Serie, die unter „Ansagen-Annoncen" aufgeführt sind.

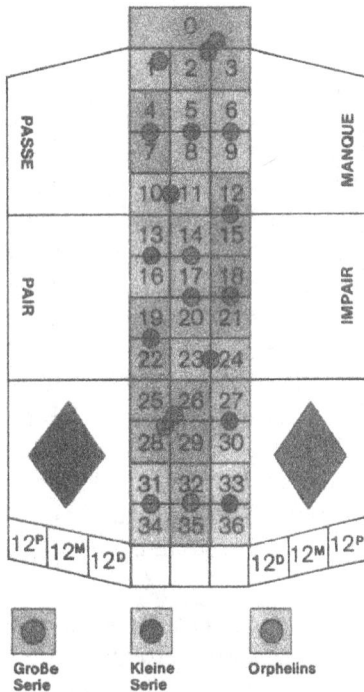

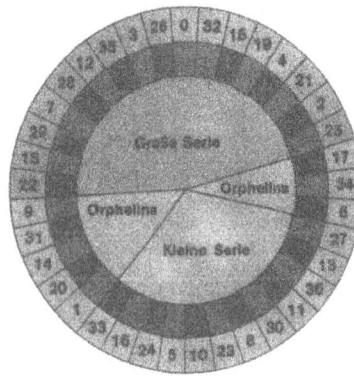

Große Serie **Kleine Serie** **Orphelins**

Ansagen-Annoncen

Große Serie	Serie 0, 2, 3	9 Stücke
Kleine Serie	Serie 5/8	6 Stücke
Orphelins		5 Stücke
Finalen (en plein)	0, 1, 2, 3, 4, 5, 6	4 Stücke
Finalen (en plein)	7, 8, 9	3 Stücke
Finalen (à cheval)	0-1, 1-2, 2-3, 4-5, 5-6	5 Stücke
Finalen (à cheval)	0-3, 1-4, 2-5, 3-6, 7-8, 8-9	4 Stücke
Finalen (à cheval)	4-7, 5-8, 6-9, 7-10, 8-11, 9-12	3 Stücke

Für alle anderen Spiele müssen die Nummern angesagt werden.

Gewinnplan

	Plein	35facher Einsatz
	Cheval	17facher Einsatz
	Transversale pleine	11facher Einsatz
	Carré	8facher Einsatz
	Carré Ersten Vier	8facher Einsatz
	Transversale simple	5facher Einsatz
	Kolonne	2facher Einsatz
	Dutzend	2facher Einsatz
	Einfache Chance Gerade und ungerade Nummer	1facher Einsatz
	Einfache Chance Rot oder Schwarz	1facher Einsatz
	Einfache Chance Manque (1–18) Passe (19–36)	1facher Einsatz

Sachwortverzeichnis

www.ingramcontent.com/pod-product-compliance
Lightning Source LLC
Chambersburg PA
CBHW081434190326
41458CB00020B/6197